AF547916

Collies, Sheltie & Co.

Gabriela Henrich

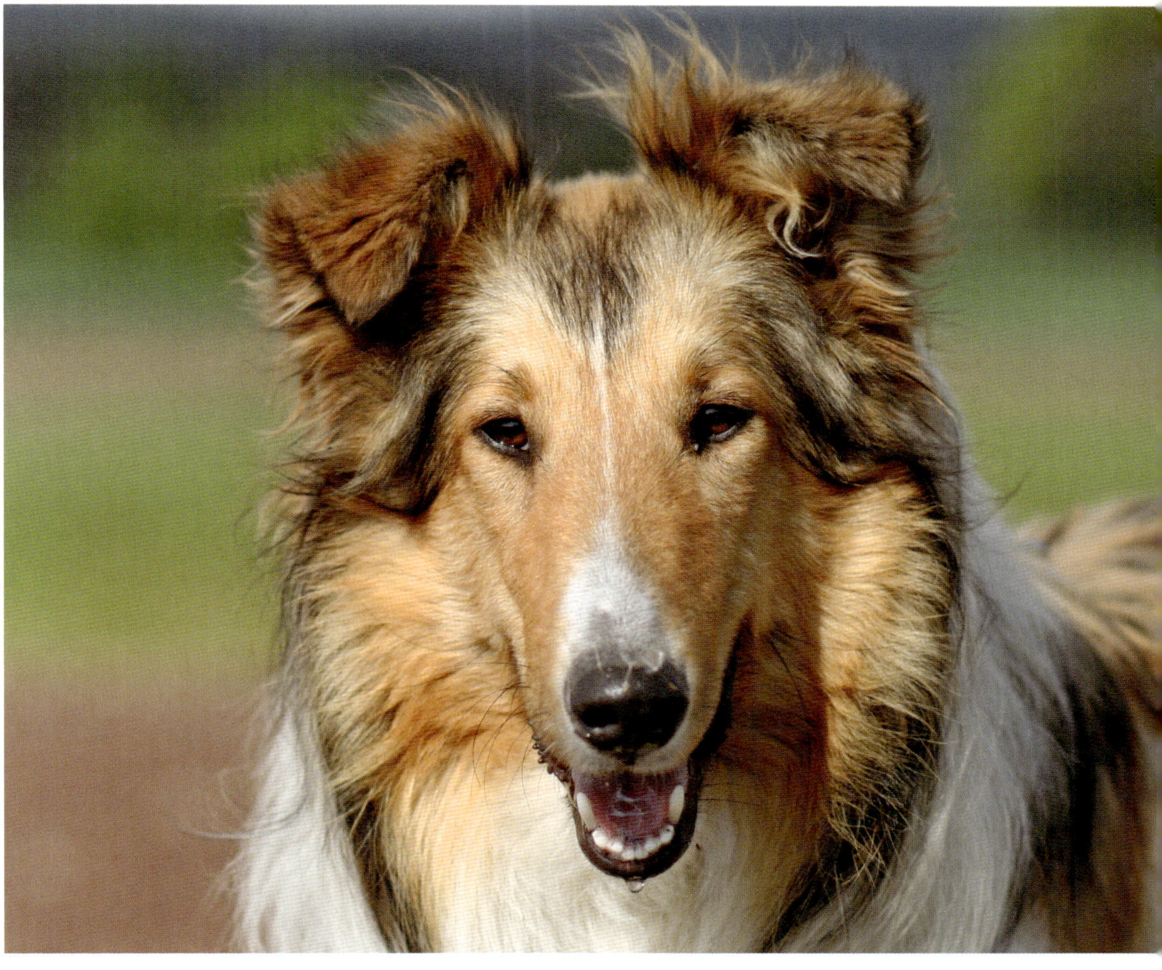

ISBN 978-3-936188-57-8
Lektorat: Susanne Artmann
Satz & Layout: Annette Gevatter, Riegel a.K.
Fotos: Gabriela Henrich, Annette Gevatter
Druck: FINIDR, s.r.o., Český Těšín, Tschechische Republik
Alle Rechte der deutschen Ausgabe:
animal learn Verlag, Am Anger 36, 83233 Bernau
email: animal.learn@t-online.de, www.animal-learn.de

Für Adele und Fenja

INHALT

Vorwort

Ich möchte mit diesem Buch Menschen, die sich für Britische Hütehunde interessieren, vor der Anschaffung Hilfestellung bei der Entscheidung geben, ob ein solcher Hund der richtige Familienhund für sie ist. Daher ist es mir ein Anliegen, die Rassen objektiv zu beschreiben und darzustellen, mit allen Vorzügen und wundervollen Wesenseigenschaften, aber auch Nachteilen und Problemen, die leider in Rassebeschreibungen oftmals vernachlässigt werden.

Darüber hinaus finden alle, die bereits einen Collieartigen in ihre Familie aufgenommen haben, Tipps für den Alltag, die Beschäftigung und Informationen rund um ihr vierbeiniges Familienmitglied.

Die Zahl der Probleme mit Hütehunden hat in den letzten Jahren aus unterschiedlichen Gründen stark zugenommen. Zu einem der wesentlichsten Gründe zählt, dass viele Käufer von Hütehunden sich nicht über deren Ursprung als Gebrauchshunde im Klaren

sind. Ebenso fehlt oft das Bewusstsein darüber, dass auch ihr Hund die Anlagen für diese Arbeit noch in sich tragen kann und welche Verhaltensweisen das mit sich bringt.

Andere haben sich durch einschlägige Fachliteratur gearbeitet und glauben nun, ihren Hütehund pausenlos beschäftigen zu müssen, was zu einer völligen Überlastung des Hundes und daraus resultierenden Problemen wie unerwünschtem und übersteigertem Jagd- und/ oder Hüteverhalten und stressbedingten Krankheiten führt. Einige Hütehunde stehen durch falsche Ausbildungsmethoden, Überlastung und/ oder Unwissenheit der Halter über artspezifische Verhaltensweisen derart unter Druck, dass sie aggressiv werden und ernsthaft zubeißen. Zusätzlich wurden in den letzten Jahrzehnten leider auch viele Collieartige gezüchtet, die den gestiegenen Umweltreizen psychisch nicht mehr gewachsen sind.

Mein Anliegen ist es, die Collieartigen als Familien- und Begleithunde vorzustellen und nicht als Zucht- und Ausstellungshunde. Deshalb habe ich bewusst auf Themen wie Ausstellungen, Grooming und Welpenaufzucht verzichtet. Außerdem ist es mir wichtig, die Hunde in ihrer ganzen Breite und allen unterschiedlichen Erscheinungsformen zu zeigen und mich nicht auf bestimmte Zuchtlinien und/ oder Zuchtverbände zu beschränken.

Dazu gehört natürlich auch, die Hunde im ganz normalen Alltagsleben zu zeigen, weshalb Sie kaum Fotos von frisch gebadeten und perfekt frisierten Hunden in diesem Buch finden werden, da sie im Alltag selten so gestylt aussehen wie auf Ausstellungen oder in Kalendern. Ich hoffe, es gelingt mir trotzdem oder gerade deshalb, Sie für die Collieartigen zu begeistern und wünsche Ihnen viel Spaß beim Lesen!

Rassebeschreibungen

In Verkaufsanzeigen und auf Züchterseiten werden die Collieartigen immer wieder als ideale Familienhunde und als absolut kinderfreundlich beschrieben. Solche Aussagen sind problematisch, weil sie über keine Rasse pauschal getroffen werden können. Ob ein Hund familientauglich und kinderfreundlich ist, hängt von vielen Faktoren in seiner Entwicklung ab. Einer davon ist die Familie selbst. Das Verhalten des Hundes gegenüber seiner Familie wird zu einem ganz wesentlichen Teil dadurch beeinflusst, wie diese Menschen mit ihm umgehen. Wird er liebevoll behandelt, hat er die Möglichkeit, Vertrauen aufzubauen, wissen die Kinder, wie sie sich dem Hund annähern oder mit ihm spielen können und lernt der Hund in einem freundlichen und sozial sicheren Umfeld auch klar gesetzte Grenzen kennen, dann sind die Chancen, dass er sich zu einem idealen Familienhund entwickelt, der auch mit allen Familienmitgliedern, auch den Kindern, klarkommt, gut.

Wird der Hund hingegen zu streng erzogen, so dass er seinen Menschen angstvoll gegenübersteht, nerven die Kinder ihn mit permanenter Bespaßung und werden Dinge mal erlaubt und mal verboten, so dass er nicht verstehen kann, wann er sich wie verhalten soll, stehen die Chancen darauf schlecht. Im Gegenteil schafft man sich so beinahe schon eine Garantie dafür, dass es zu Problemen kommen wird.

Die meisten Collies sind bei normaler Sozialisierung und vernünftigen Aufzuchtbedingungen auf Grund ihres sanften Wesens eher für Familien mit Kindern geeignet als manch andere Rasse. Aber „kinderfreundlich" ist keine ererbte Eigenschaft (wie man leider anhand von vielen Verkaufsanzeigen und dem FCI Standard glauben könnte), sondern eine erlernte. Jeder Hund, auch ein Collieartiger, der von Kindern schlecht behandelt wird, wird sich irgendwann zur Wehr setzen. Dies gilt insbesondere, da es immer mehr Hunde gibt, die stressanfällig und mit niedriger Reizschwelle ausgestattet sind. Die Zahl der Collieartigen, die wegen Beißvorfällen in einem Tierheim abgegeben werden, hat in den letzten Jahren erschreckend zugenommen – und zwar völlig unabhängig davon, aus welcher Zuchtlinie der Hund kommt und ob er Papiere hat oder nicht. Diese Erfahrung steht im krassen Gegensatz zu der Behauptung vieler Fans der Rasse, ein Collie wisse gar nicht, wozu er Zähne hätte und würde niemals beißen. Collies sind Hunde und natürlich wissen sie, wozu sie Zähne haben – und notfalls werden sie diese auch einsetzen, wenn sie sich nicht (mehr) anders zu wehren wissen. Collies sind keine Plüschtiere; auch wenn sie manchmal so aussehen und auch wenn sie vom Wesen her eher sanftmütig sind, lassen sie sich natürlich nicht alles gefallen. Mit anderen Worten, wenn Sie sich für die Anschaffung eines Collieartigen entscheiden, entbindet Sie das nicht der Verantwortung, Ihre Kinder und Ihren Hund nicht allein miteinander zu lassen, den Hund gut zu erziehen und die Kinder darin anzuleiten, wie man mit einem Hund umgeht und was man zu unterlassen hat. Gleiches gilt für Besucher, die sich gerne mal vorne übergebeugt auf einen Hund stürzen, um ihn zu drücken und damit seine Individualdistanz ungefragt unterschreiten. Machen Sie bitte nicht den Fehler zu glauben, bei so gutmütigen Hunden wie den Collieartigen könne nichts passieren. Das eher sanfte Wesen der Collieartigen darf nicht zum Freifahrtschein für schlecht erzogene und/ oder nicht ausgelastete Kinder oder aufdringliche Besucher werden.

Ein weiterer Punkt, der bei der Frage, ob der Hund ein idealer Begleiter für (s)eine Familie ist, eine große Rolle spielt, ist die Passung. Von einer guten Passung spricht man, wenn die Lebensumstände des Menschen und seine Erwartungen an den Hund

optimal abgestimmt sind auf dessen rassespezifische Eigenheiten, seine Bedürfnisse als Hund an sich und natürlich seine individuellen Eigenheiten. Auch jeder einzelne Hund einer bestimmten Rasse hat seine eigene Persönlichkeit, die unter Umständen von der allgemeinen Rassebeschreibung abweichen kann. Das erfordert unter anderem ein gegenseitiges Respektieren, die Bereitschaft, Verantwortung zu übernehmen und Vertrauen aufzubauen. Ein Hund, der zum Beispiel hervorragend zu Familie Müller passt, weil er aufgeweckt und lebhaft ist, könnte bei Familie Schulz völlig fehl am Platz sein, weil die sich einen ruhigen und zurückhaltenden Hund wünscht. Und insofern ist auch die Frage, was ein idealer Familienhund überhaupt ist, gar nicht so einfach zu beantworten. Die wohl treffendste Antwort wäre: Kommt ganz auf die Familie – und den Hund – an! ☺

Wenn Sie bereits einen Collieartigen hatten, sollten Sie nicht den Fehler machen, sich wieder die gleiche Rasse anzuschaffen, um genau den gleichen, wunderbaren Hund zu bekommen, den Sie hatten, denn auch Hunde sind, wie oben beschrieben, Individuen mit ganz unterschiedlichen Vorlieben, Abneigungen und Wesenseigenschaften. Deshalb ist es sehr wichtig, nicht zu erwarten, dass der neue Hund genauso ist wie der alte, sondern aufgeschlossen an die Auswahl eines Hundes heranzugehen. Eventuell erinnert ein Tier zum Beispiel im Aussehen stark an den vor-

herigen Hund, zeigt aber einen ganz anderen Charakter oder zeigt einen ähnlichen Charakter, sieht aber völlig anders aus.

Der Charakter formt sich erst mit der Zeit, weshalb man auch einen Welpen nicht zu früh aussuchen sollte. Manche Züchter oder Mitarbeiter von Tierheimen bieten an, schon wenige Tage nach der Geburt eine Auswahl zu treffen; ich würde Ihnen davon abraten, denn das Wesen kann zu einem späteren Zeitpunkt besser eingeschätzt werden, worauf Sie ein erfahrener Züchter oder Tierheimmitarbeiter auch hinweisen wird. Keinesfalls sollten Sie sich einen Hund rein nach optischen Merkmalen aussuchen.

Häufig wird gefragt, ob Collies gut verträglich mit Artgenossen sind. Auch hier lautet die Antwort, dass die Sozialverträglichkeit mit Artgenossen nicht in erster Linie eine Frage der Rasse, sondern der Sozialisierung ist. Außerdem ist entscheidend, welche Erfahrungen ein Hund im Umgang mit anderen gemacht hat. Der Hund ist ein hoch soziales Rudeltier und ich würde immer empfehlen, zwei oder mehrere Hunde zu halten, wenn man die finanziellen, räumlichen und zeitlichen Möglichkeiten dazu hat. Denn auch wenn wir Menschen als Sozialpartner für unseren Hund zur Verfügung stehen, können wir niemals den Artgenossen ersetzen. Wir spielen anders, sprechen eine andere Laut-

und Körpersprache und zeigen ein völlig anderes Pflegeverhalten.

Interessant ist übrigens, dass sich bei vielen Rassen bzw. Rassegruppen beobachten lässt, dass sie gern unter ihresgleichen zusammenkommen. Hütehunde, zu denen ja auch die Collieartigen zählen, sprechen ihre eigene Sprache und haben ihre eigene Art zu spielen, so wie andere Rassegruppen auch. Oft ist es so, dass ein Collie lieber mit einem anderen Collie spielt als zum Beispiel mit einem Boxer oder Dobermann, der mit deutlich stärkerem Körpereinsatz aufwartet. Das heißt natürlich nicht, dass Collies nur mit Collies befreundet sein oder zusammenleben können, aber dennoch sollte man bei der Zusammenstellung einer Gruppe darüber nachdenken, ob die jeweiligen Temperamente und Vorlieben harmonieren.

Bevor wir uns den einzelnen Rassen zuwenden, hier noch der Versuch einer Antwort auf die Frage, woher der Name „Collie“ stammt. Der Ursprung des Namens ist nicht eindeutig geklärt, es wird aber vermutet, dass er von den in den schottischen Hochebenen weit verbreiteten Colley Schafen stammt. Die Hütehunde, die diese Schafe hüteten, wurden „colley dogs“ genannt, woraus dann vermutlich vereinfacht „Collie“ wurde.

Über die Anfänge der einzelnen Collieartigen und über eventuelle Einkreuzungen gibt es keine Aufzeichnungen, denn das war nicht von Bedeutung. Es wurden Hunde verpaart, die genau die Eigenschaften hatten, die man brauchte, ungeachtet ihrer Rasse. Deshalb kann man nur Vermutungen über ihre Ursprünge und die enthaltenen Einkreuzungen anstellen.

Die Urahnen stammen vermutlich aus Kreuzungen von Hütehunden der Britischen Inseln mit alten skandinavischen Rassen, aber auch Händler und Reisende brachten Hunde mit. Die Reinzucht der einzelnen Rassen begann dann mit den ersten Hundeausstellungen, auf denen Hütehunde gezeigt wurden, denn erst durch diese erwachte das Interesse an einem relativ gleichen Aussehen und festgelegten Schönheitsidealen. Die Schäfer züchteten ihre Arbeitshunde in erster Linie nach Gebrauchseigenschaften und hatten auch verschiedene Rassen untereinander verpaart, um bestmögliche Arbeitshunde zu erhalten, die robust, gesund, intelligent und ausdauernd waren. Das Aussehen wurde von ihnen zweitrangig bewertet.

Zu den jeweiligen Rassebeschreibungen möchte ich vorab anmerken, dass ich mich bemüht habe, den typischen Hund der jeweiligen Rasse zu beschreiben. Trotzdem gibt es – wie schon erwähnt – individuelle Unterschiede und die berühmten Ausnahmen, die die Regel bestätigen. Einzelne Hunde oder auch bestimmte Zuchtlinien entsprechen nicht immer dem normalen Typ der Rasse, auch wenn sie Papiere haben – was aber nichts über die Qualität des Hundes an sich aussagt.

Bearded Collie

Der Bearded Collie (kurz: Beardie) verdankt seinen Namen seinem Aussehen, bearded = bärtig. Es handelt sich bei ihm um eine sehr alte Rasse, die aus dem schottischen Hochland stammt, aber immer nur in geringer Zahl vorkam und sehr lange ohne Standard gezüchtet wurde. Es gibt keine Aufzeichnungen, welche anderen Rassen eingekreuzt wurden, um die Arbeitseigenschaften zu verbessern. Vermutet wird, dass er sein heutiges Aussehen dem PON (Polski Owczarek Nizinny, ein polnischer Niederungshütehund) verdankt. Aber in ganz Europa gab und gibt es zottelige Hütehunde mit teilweise ähnlicher Optik, die eventuell auch als Ahnen in Frage kommen. Genauso wie sicherlich immer wieder die unterschiedlichen britischen Hütehunde miteinander verpaart wurden.

Der Bearded Collie war in den Anfängen des letzten Jahrhunderts fast in Vergessenheit geraten und durch die beiden Weltkriege war seine Zahl derart geschrumpft, dass nach dem zweiten Weltkrieg die Zucht mit sehr wenigen Hunden neu begonnen werden musste. Auf Grund der geringen Anzahl der Zuchthunde wurden noch bis in die 70er Jahre des letzten Jahrhunderts Beardies ohne Abstammungsnachweis rein nach optischer Bewertung in die Zucht aufgenommen. In den 60er Jahren kamen die ersten Bearded Collies nach Deutschland.

Der Bearded Collie ist ein sehr überschwänglicher, temperamentvoller, freundlicher, sehr intelligenter und wachsamer Hund, der durchaus seinen eigenen Kopf hat.

Er hat einen Hang zur Komik, was es diesem Kobold ermöglicht, seine Menschen immer wieder um die Pfote zu wickeln und genau das zu bekommen, was er will, und er schafft es auch immer wieder, einen zum Lachen zu bringen. Man kann ihm nie wirklich lange böse sein. Nichtsdestotrotz und genau deshalb braucht der Bearded Collie eine sehr konsequente Erziehung und Haltung, die keinesfalls mit Härte und Strenge verwechselt werden sollte, denn die nimmt dieser sensible Hund besonders übel. Ohne liebevoll geführte Konsequenz wird der Beardie schnell seine eigenen Ideen umsetzen, die sich nicht immer mit denen seiner Menschen decken.

Bearded Collies können bei ungerechter und schlechter Behandlung sehr nachtragend sein und jede Zusammenarbeit verweigern. Kadavergehorsam ist für sie ein Fremdwort, sie nehmen sich heraus, Anordnungen und Entscheidungen zu hinterfragen und sie ggf. auch nicht auszuführen. Der Bearded Collie ist für dieses selbständige, eigene Entscheidungen treffende Arbeiten ursprünglich gezüchtet worden, da er oft weit ab (außer Sicht) von seinem Schäfer gearbeitet hat. Daher ist ihm dieses selbständige Arbeiten auch heute noch zu

eigen, weshalb er einen Halter braucht, der sich dessen Naturell bewusst ist und ihm eine klare Struktur vorgibt, ohne sein Wesen zu verleugnen.

Wie alle Hütehunde schließt sich auch ein Bearded Collie sehr eng an seine Menschen an, wenn man sich diese Zuneigung auch härter erarbeiten muss als bei anderen Collieartigen. Dafür liebt er seine Menschen sehr deutlich sichtbar, was sich darin zeigt, dass er überschwänglich an ihnen hochspringt, um seine Liebesbekundungen zu platzieren. Auf Grund dieses überschäumenden Temperamentes und seiner engen Bindung an den Menschen ist er absolut kein Hund, der im Zwinger gehalten werden kann. Dies gilt selbstverständlich für alle Hunde, trotzdem wird es beim Collie und beim Border Collie leider noch häufig praktiziert. Beim Bearded Collie ist mir hingegen kein Züchter bekannt, der seine Hunde so weggesperrt hält.

In der Zucht gibt es im Moment einen Trend zurück zum „Urbeardie". Einigen Züchtern und Liebhabern der Rasse ist der heutige Beardie mit zu viel und zu langem Fell und zu verweichlichtem Wesen ausge-

stattet. Was das Fell betrifft, gibt es durchaus Zuchtlinien, bei denen es unter dem Bauch fast auf dem Boden schleift und seine pflegeleichten Eigenschaften verloren hat. Allerdings war der Beardie immer ein langhaariger Hund (wenn er auch nicht diese Menge an Fell hatte wie heute), der, wenn er verfilzt war, auch mal mit den Schafen geschoren wurde, was wohl der Grund dafür ist, weshalb auf vielen alten Abbildungen Beardies mit kürzerem Fell zu sehen sind. Ein „back to the roots" würde aber auch bedeuten, dass der Hütetrieb wieder mehr in den Vordergrund treten würde, da man züchterisch die Optik nicht vom Wesen trennen kann. Diesbezüglich gibt es genetisch sehr komplexe Zusammenhänge, die noch niemand eindeutig entschlüsselt hat, und so einen Hütebeardie würde kaum eine Familie wirklich problemlos halten können. Es gibt immer noch Linien, die über einen starken Hütetrieb verfügen, was oftmals zu gravierenden Problemen im Alltag führt.

Unterbeschäftigung quittieren Beardies sehr schnell, indem sie sich ihre Aufgaben selber suchen und das ist im harmlosesten Fall das Hüten von Ameisen auf der Terrasse. In der Regel fangen sie aber an, Autos, Jogger und Radfahrer zu hetzen, womit sie eine echte Gefahr für sich selbst und ihre Umwelt werden und eigentlich gar nicht mehr abgeleint werden können, was zu einem Teufelskreis bei diesen sehr bewegungsfreudigen Hunden führen kann. Was nicht heißt, dass man mit einem Beardie pausenlos arbeiten muss, denn auch Überforderung führt zu Stressverhalten, das sich ähnlich äußert wie Unterforderung. Hier ist ein gutes Händchen gefragt, um diesen quirligen Hund mit Hütetrieb richtig auszulasten, aber nicht zu überfordern. Man braucht ein feines Gespür für die richtige Mischung aus Beschäftigung und Ruhephasen.

In dieser Beziehung ist der Beardie eher mit dem Border zu vergleichen als mit dem Collie oder Sheltie. Es gibt aber auch sehr viele Zuchtlinien, die über weniger bis gar keinen Hütetrieb mehr verfügen. Aus dem Grund ist es vor der Anschaffung wichtig, sich genau zu informieren, was der jeweilige Züchter für Hunde hat und sich auch nach den Eltern zu erkundigen. Trotz dieser Unterschiede bleibt der Bearded Collie immer ein Hund mit einem ausgesprochen starken Bewegungsbedürfnis. Kann er dieses ausleben, ist er anschließend in der Wohnung ruhig und ausgeglichen und kann gelassen stundenlang dösend irgendwo liegen – so lange es nichts zu melden gibt, denn als Hütehund ist beim Beardie früher u.a. Wert darauf gelegt worden, dass er bellend das Vieh anzeigt, das sich zum Beispiel in den Bergen verstiegen hat und nicht mehr selber zurückfinden konnte. Dieses Bellen gehört zum Beardie wie sein langes Fell. Er ist wachsam und findet eigentlich immer einen Grund zum Bellen. Das sollte sehr früh in die richtigen Bahnen gelenkt werden, damit es nicht in Kläfferei ausartet, was vor allem bei Langeweile gerne passiert. Ein Bearded Collie ist für das Leben in einem Mietshaus auf Grund dieser Bell- und Bewegungsfreude eher nicht geeignet (vor allem wenn er stundenweise allein gelassen werden soll und niemand einschreiten kann, wenn er anschlägt), denn das könnte zu Problemen mit den Nachbarn führen.

Wie bei den anderen Rassen gibt es auch beim Bearded Collie Zuchtlinien und einzelne Zuchthunde, denen die Wesensfestigkeit abhanden gekommen ist. Diese Hunde sind manchmal extrem ängstlich, nervös, geräuschempfindlich und mitunter sogar aggressiv. Selbstverständlich kann auch eine mangelnde Sozialisierung zu solchen Problemen führen, die dann nur sehr schwer und mit viel Geduld und Arbeit wieder abzubauen sind.

Der Bearded Collie verfügt über ein ausgesprochen gutes Gehör, ist sehr intelligent und mit Feuereifer

und Ausdauer bei der Sache, wenn ihm etwas Spaß macht. Kaum etwas ist für einen Beardie langweiliger als eintönige, sich wiederholende Abläufe. In der Hundeschule im Kreis um Hütchen laufen ist nicht des Beardies Sache. Er liebt die Abwechslung und die Aktion, ist aber auch für jede Art von Nasenarbeit und Intelligenzspielen zu begeistern. Er lernt sehr schnell Kunststücke, was ihn zu einem idealen Hund für viele Arten von Freizeitbeschäftigungen und für aktive Familien macht.

Vor der Anschaffung eines Beardies sollte man sich im Klaren darüber sein, dass diese Hunde auf Grund ihres langen Fells wandelnde Dreckkatastrophen sein können. Sie lieben es, sich im Schlamm zu wälzen, Löcher zu buddeln, durchs Unterholz zu rennen und im Wasser zu toben. In dem langen Fell bleibt dabei eine Menge hängen, was nachher in der Wohnung wieder raus fällt oder raus gekämmt werden muss. Menschen mit einem ausgeprägten Reinlichkeitsempfinden kann man nur eindringlich davor warnen, sich einen Bearded Collie anzuschaffen, mögen sie auch noch so lieb und niedlich aussehen.

Die Fellpflege ist ähnlich wie beim Langhaar Collie aufwändiger als zum Beispiel bei einem Border Collie. Das Fell besteht aus Unterwolle und Deckhaar, dieses sollte harsch und selbstreinigend sein; es schützte die Hunde früher, als sie den ganzen Tag

draußen waren, vor Regen und Kälte. Leider sind diese Eigenschaften manchmal abhanden gekommen, das Fell ist weicher und seidiger, weshalb es zum Filzen neigt.

Bei Junghunden neigt das weiche Welpenfell ebenfalls schnell zum Filzen; je früher man einen Beardie deshalb an Kamm und Bürste gewöhnt, desto leichter hat man es später. Um regelmäßiges, gründliches Kämmen wird man beim Bearded Collie nicht herum kommen und das ist nicht in wenigen Minuten geschehen. Diesen Zeitaufwand muss man bei der Anschaffung ebenso einplanen wie Beschäftigung und Spazierengehen.

Bearded Collies werden im Vergleich zu den anderen Collieartigen relativ alt, 15 oder auch 17 Jahre kommen nicht selten vor. Dabei sind diese Hunde in der Regel bis ins hohe Alter sehr fit und unternehmungslustig.

Fellfarben

Den Bearded Collie gibt es in zwei Farben: Schwarz und Braun sowie deren Aufhellungen Blau und Fawn. Es kommen bei allen Farben Hunde mit Tanabzeichen (sog. tricolor) vor, sie sind aber selten, ebenso wie merlefarbene Beardies. Beardies sind farblich gesehen echte Wundertüten, denn beim Welpen sind die Farben noch ganz klar und deutlich zu erkennen und zu unterscheiden. Im ersten Jahr werden sie aber immer heller, um dann im Laufe der nächsten Jahre wieder dunkler zu werden. Mit etwa vier Jahren sind sie ausgefärbt, werden aber selten wieder so intensivfarbig wie als Welpen. Man kann sehr schwer voraussagen, ob zum Beispiel ein schwarzer Welpe als erwachsener Hund eher schwarz, dunkelgrau oder schwarz mit unterschiedlich grauen Haaren dazwischen sein wird – echte Wundertüten eben. Oftmals kann man einen schwarzen von einem blauen Beardie im erwachsenen Alter nur anhand der Nasen- und Augenfarbe unterscheiden, die jeder Grundfarbe angepasst sind und sich nicht mit der Fellfarbe verändern.

Die meisten Beardies haben heute eine weiße Halskrause, einen weißen Fang, eine weiße Blässe bis über die Ohren hinaus, vier weiße Pfoten und eine weiße Rutenspitze. Hunde ohne weiße Halskrause und weißen Fang sieht man kaum noch, sie sind aus der Mode gekommen. Unerwünscht und als Fehlfarbe vermerkt werden zum Beispiel halb weiße Gesichter, weiße Flecken im Fell oder fast weiße Hunde, die hin und wieder vorkommen. Da der Bearded Collie bislang kein wirklicher Modehund war, ist die Rasse optisch und von der Größe her relativ einheitlich, mal abgesehen von mehr oder weniger Fell.

Schwarz

Schwarz ist die häufigste Farbe beim Beardie. Sie kann von tiefem Schwarz bis zu hellem Grau ausfallen. Ein schwarzer Beardie hat eine schwarze Nase und dunkelbraune Augen. So häufig der schwarze Beardie an sich ist, so selten ist ein wirklich tiefschwarzer erwachsener Beardie. Meist ist er dunkelgrau oder schwarz mit Grau meliert.

Ein schwarzer und ein
blauer Beardie im Vordergrund.

Selten kommt die Farbe Tricolor vor; diese Beardies haben als Welpen deutliche lohfarbene Tanabzeichen zum Beispiel über den Augen, an der Innenseite der Ohren, auf den Wangen, unter der Schwanzwurzel und/ oder an den Beinen, die aber oft im Erwachsenenfell nicht mehr zu sehen sind.

Blau

Blau ist die Verdünnung der ganzen schwarzen Pigmente in der Fellfarbe und hat nichts mit dem Merle Gen zu tun. Es kommt von dunklem Blau-Grau bis zu sehr hellem Grau vor. Ein blauer Beardie hat eine schieferfarbene Nase und hellere Augen als der schwarze Beardie; er kann auch blaue Augen haben, was aber eher unerwünscht ist.

Braun

Ein brauner Beardie (oben) und ein junger brauner Beardie (unten).

Die Farbe Braun ist meist eine kräftige rotbraune Schokofarbe, die aber auch viel heller ausfallen kann und dann kaum noch von Fawn zu unterscheiden ist. Der braune Beardie hat eine dunkelbraune Nase und dunkel bernsteinfarbene Augen.

Fawn

Fawn ist die Verdünnung von Braun, vergleichbar dem Blau. Diese Beardies sehen als Junghunde oft fast weiß aus und färben sich dann in der Regel später wieder ins Bräunliche ein. Ein fawnfarbener Beardie hat eine hellere Nase und hellere Augen als ein brauner.

Merle

Das Merle Gen ist beim Bearded Collie sehr selten (in der Beardie Zucht ist es auch nicht erwünscht) und war bei uns eigentlich verschwunden, kommt jetzt aber mit Hunden aus dem Ausland wieder in die Zucht. Das Merle Gen ist eine sehr alte Hütehundfarbe, die bei so ziemlich allen Hütehundrassen vorkommt, somit auch beim ursprünglichen Beardie. Bei allen anderen Collieartigen gehört Merle zum Rassestandard, in der Regel bei schwarzen Hunden, teilweise aber auch bei braunen, roten oder blauen Tieren.

Tanabzeichen

Bei allen Farben des Bearded Collies sind Tanabzeichen möglich, wie bei der Farbe Schwarz unter Tricolor beschrieben. Diese sind allerdings selten und meist nur beim Welpen deutlich zu sehen.

Für wen ist der Bearded Collie geeignet?

Der Bearded Collie ist ein Traumhund für aktive, sportliche, konsequente Menschen, die einen selbständigen, manchmal vielleicht auch etwas dickköpfigen Hund zu schätzen wissen, eben einen Hund mit Charakter. Menschen, die sich an der Fellpflege nicht stören und an dem Dreck, den dieser Hund mit ins Haus bringt. Er ist auf Grund seiner Selbständigkeit und des unter Umständen vorhandenen Hütetriebs in Kombination mit seinem Temperament nicht unbedingt als Anfängerhund geeignet.

Border Collie

Der Border Collie verdankt seinen Namen seiner Herkunft aus dem Grenzgebiet zwischen Schottland und England (Border = Grenze). Eine hügelige und steinige Gegend, in der sich die Viehherden auf großen, nicht eingezäunten Flächen verteilten. Die Schafe seiner Heimat waren fast wild und dementsprechend sehr scheu, so dass die dem Border Collie eigene Art, Tiere zu hüten, besonders erfolgreich zum Einsatz kam, denn anders als seine Hütehundkollegen arbeitet der Border Collie über das so genannte „Auge“, bei dem er in nach vorne abgeduckter Haltung (ähnlich der eines Raubtieres beim Angriff) die Schafe fixiert. So treibt und balanciert er sie in die gewünschte Richtung.

Der Border ist sehr intelligent, ausdauernd, flink, leicht zu führen und von mittlerer Größe.

Wie bei allen anderen Rassen auch ist dem Border Collie seine Art zu hüten angeboren, genauso wie sein „siebter Sinn“ dafür, was die Schafe als nächstes tun werden. Diese Eigenschaft, seine hohe Intelligenz und die Bereitschaft, für seinen Schäfer alles zu geben, haben ihn zum erfolgreichsten Hütehund Britanniens gemacht, der als einziger Collieartiger bis in die heutige Zeit auch noch auf Hüteeigenschaften und nicht nur auf Optik gezüchtet wird. Er ist der einzige Collieartige, der heute noch regelmäßig in seinem ursprünglichen „Job“ arbeitet.

Früher wurden Border Collies nicht nur ausgebildet, um Schafe zu hüten, sondern manchmal auch, um sie zu stehlen. Schafe waren ein kostbarer Besitz; ihr Diebstahl wurde bis 1828 in Britannien mit dem Tod bestraft.

Sehr früh wurden in Großbritannien bereits Hütewettbewerbe, so genannte Trials abgehalten. Erwähnt werden sie seit 1873. In den Wettbewerben wurde die Leistung der Hunde am Vieh bewertet. Im Laufe der Jahre entstanden ein Regelwerk und regelmäßige Wettkämpfe und Meisterschaften. Diese Wettkämpfe finden bis heute statt, wenn sie auch heute mehr einen Showcharakter bekommen haben, als reine Leistungsveranstaltungen von Schäfern zu sein.

Als Stammvater der heutigen Border Collies gilt der 1893 geborene Old Hemp, der eine überragende Fähigkeit hatte, das Verhalten von Schafen richtig einzuschätzen. Er wurde nur acht Jahre alt, zeugte aber etwa 400 Nachkommen.

1906 wurde von Schäfern die International Sheepdog Society (ISDS) gegründet und ein Stammbuch eingeführt; einziges Kriterium für die Aufnahme ins Zuchtbuch war die Hüteleistung des Hundes und nicht seine Optik.

Erst 1976 wurde die Rasse Border Collie auch vom Britischen Kennel Club anerkannt und dort ebenfalls ein Stammbuch eingeführt. Erst seit diesem Zeitpunkt gibt es auch Border Collie Zuchten, die auf die optische Erscheinung züchten und weniger Wert auf die Hüteleistung legen.

Von daher ist der Border Collie ein sehr ursprünglicher Hund und hat auch heute noch immer kein streng einheitliches Erscheinungsbild. Bei ihm dürfen die Ohren stehen oder kippen, es ist so ziemlich alles an Fellfarbe und Fellzeichnung erlaubt, nicht einmal die Größe ist genau festgelegt. Es gibt eine Richtgröße (Rüden 53 — 55 cm, Hündinnen etwas kleiner), von der aber nach oben und unten abgewichen werden kann, was sich als Vorteil für die Rasse herausstellte, denn je weiter ein Standard gefasst ist, desto größer ist die Genvielfalt der gezüchteten Tiere und desto besser deren Chance auf eine gute Gesundheit.

1981 eröffnete der Club für Britische Hütehunde e.V. in Deutschland ein Zuchtbuch für Border Collies und sein Siegeszug setzte sich auch hier fort. Sieben Jahre später wurde die Arbeitsgemeinschaft Border Collie Deutschland e.V. (ABCD e.V.) gegründet, die sich um den Erhalt des Border Collies als Hütehund bemüht. Sie organisiert die Ausbildung der Hunde und Hundehalter sowie die

Hütewettbewerbe. Seit 2006 führt die ABCD das ISDS Zuchtbuch für Deutschland.

Leider ist der Border Collie auf Grund seiner hohen Intelligenz und seiner Schnelligkeit, die ihn für Anhänger bestimmter Hundesportarten auf Leistungsebene interessant machen, durch Kinofilme und seinen Einsatz in der Werbung zum Modehund geworden. Er wird auch tatsächlich von manchen Züchtern als idealer Familienhund angepriesen und so werden Welpen in großer Zahl zu Schleuderpreisen auf den Markt geworfen. Dem Border Collie passiert im Moment das, was der Collie in Zeiten des Lassiebooms durchgemacht hat und worunter er zum Teil noch heute zu leiden hat. Es wird teilweise auf Quantität und nicht mehr auf Qualität gezüchtet. Die Menge, in der er im Moment vermehrt wird, veranlasst manche Züchter auch, jedem, der sich meldet, einen Hund zu geben, egal ob er die richtigen Voraussetzungen dafür mitbringt. So kommt es vor, dass Border Collie Welpen an ältere Menschen über 70 Jahre abgegeben werden, die eigentlich einen ruhigen Hund suchen, mit dem sie gern eine halbe Stunde spazieren gehen wollen... es lässt sich leicht nachvollziehen, dass hier keinesfalls von einer guten Passung ausgegangen werden kann, die Garant für ein harmonisches Zusammenleben ist.

Ein ausgelasteter, gut geprägter Border Collie ist ein sehr menschenfreundlicher und anhänglicher Hund, der höchst sensibel auf seine Umwelt reagiert.

Wie man aus der Geschichte des Border Collies entnehmen kann, ist er bis heute ein Arbeitshund mit sehr ausgeprägtem Arbeitseifer, der oft nicht von alleine aufhört, auch wenn er eigentlich schon nicht mehr kann. Das alles macht ihn zu keinem idealen Familienhund. Seine unglaublich schnelle Auffassungsgabe ist einerseits das, was begeistert, kann andererseits aber auch zum Fluch werden. Denn genauso schnell wie er Positives lernt, lernt und verknüpft er auch unerwünschte Verhaltensweisen. Border Collies nehmen Erziehungsfehler sehr krumm und oftmals sind diese auch nur sehr schwer wieder auszubügeln. Auch von daher ist er absolut kein Anfängerhund.

Diese Hunde müssen körperlich und vor allem geistig gefördert werden, was man nicht allein durch Spazierengehen und einige Spielchen erreicht. Selbst Hundesport wie Agility stellt eigentlich keine Auslastung dar, weil hierbei seine Intelligenz nicht richtig gefordert wird. Beim Agility geht es lediglich um ein körperliches Auspowern, die geistige Auslastung kommt hierbei eindeutig zu kurz. Einen Border Collie so zu beschäftigen, dass der Hund zufrieden und ausgeglichen ist, ist eine Aufgabe, die man nicht

mal eben neben Beruf, Haushalt und Kindererziehung mit erledigt. Einen Border Collie sollte sich deshalb nur der anschaffen, der wirklich in der Lage ist, diesen Hund adäquat auszulasten, zum Beispiel in Form von Rettungshundearbeit, Fährtenarbeiten, Hütearbeit, gemeinsamen Geschicklichkeitsarbeiten oder sonst allem, was seinem Drang nach Bewegung und geistiger Beschäftigung nachkommt.

Nun gibt es mittlerweile auch „Loose eyed" Hunde, die nicht diesen stark ausgeprägten Hüte- und Arbeitstrieb haben, aber darauf kann man sich beim Kauf eines Welpen nicht verlassen. Selbst bei den anderen Collieartigen, die seit mehr als 100 Jahren nur noch als Begleithunde gezüchtet werden, kommen immer wieder Hunde mit starkem Hütetrieb zum Vorschein. Bei einer Rasse, die erst seit gut 30 Jahren auch als Begleithund gezüchtet wird, ist dies noch viel häufiger der Fall und zwar auch in Linien, die eigentlich als Showlinien bezeichnet werden. Dessen sollte man sich beim Kauf eines Border Collies immer bewusst sein. Die Chancen, einen richtigen Arbeitshund zu erwischen sind hoch – und was dann?!

Falsche Auslastung oder auch Überlastung (auch ein Border Collie braucht Ruhephasen, die er von alleine oftmals nicht einfordert) können beim ansonsten freundlichen und nicht aggressiven Border Collie zu gravierenden Verhaltensstörungen führen. So kann er zum Beispiel in Bewegungsstereotypien verfallen (Fliegen an der Wand hüten), alles hüten und/ oder jagen, was sich bewegt, wozu auch Jogger, Radler und Skater gehören oder durch gesteigerte Ruhelosigkeit, Geräuschempfindlichkeit und Nervosität auffallen. Ebenso kann er eine zerstörerische Ader entwickeln oder zu Aggressionen neigen. Ich habe schon sechs Monate alte Hunde gesehen, die für nichts anderes Augen hatten, als permanent ihre Artgenossen zu hüten. Sie waren so gefangen in diesem Trieb, dass sie selbst nicht spielen konnten und pausenlos unter Stress standen. Ein so extremes Verhalten kann übrigens auch ein Zuchtproblem sein, das entsteht, wenn man Hunde nur noch nach Optik vermehrt. Durch das übermäßige Selektieren auf optische Merkmale kann es zu Veränderungen im Wesen wie Hyperaktivität und anderen fehlgeleiteten Vehaltensweisen kommen.

Die Gefahr, einen Border Collie zu einem Workaholic zu machen, ist größer als bei allen anderen Collieartigen, weil er eben selber selten ein Maß kennt, das gesund für ihn ist. Er macht weiter, solange er gefordert wird. Viele Border Collies sind absolute Balljunkies, weil ihre Halter stundenlang mit ihnen gespielt haben. Dahinter steht die völlig falsche Ansicht, dieses exzessive Spielen mache dem Hund, der schließlich ausgelastet werden müsse, Spaß. In Wirklichkeit steht er aber unter starkem Stress, was an seinem gehetzten (oft als wirr bezeichneten) Gesichtsausdruck zu erkennen ist. Das Fixieren des Balls gehört für einen Border Collie zur Arbeit, ebenso wie das Hinterherhetzen. Dabei werden Stresshormone freigesetzt, die den Organismus fordern bzw. bei entsprechendem Arbeitspensum auch überfordern.

Einen Border Collie muss man kontrolliert und dosiert beschäftigen. Der Hundehalter muss lernen, den Punkt zu erkennen, an dem es genug ist. Dann muss er den Hund aus der Aktion nehmen und ihm Ruhe verordnen. Da der Border Collie schnell lernt, langweilt er sich auch schnell. Der Hundehalter ist also immer wieder gefordert, ihn mit neuen Aufgaben geistig zu beschäftigen.

Der Boder Collie ist zweifelsohne ein faszinierender Hund, der sich eng an seine Familie anschließt. Er ist Fremden gegenüber freundlich und aufgeschlossen. Wenn er richtig ausgelastet ist, ist er auch ausgeglichen und zufrieden. Aber er ist der arbeitsintensivste Hund aller Collieartigen. Im Vergleich zu den anderen ist er eher still, er bellt verhältnismäßig wenig.

Er hat manchmal Schwierigkeiten mit Artgenossen anderer Hunderassen, vor allem mit denen, die nicht zu den Hütehunden zählen, da bei einigen Border Collies das angeborene Fixieren so übersteigert ist, dass es auch gegenüber Artgenossen gezeigt wird und nicht nur bei der Arbeit an den Schafen, was von anderen Hunden als Drohen ausgelegt und entsprechend quittiert werden kann.

Es gibt einige Züchter, die Border Collies in Zwingern halten. Mit Welpen aus Zwingerhaltung sollte man bei einem so hoch intelligenten Hund sehr vorsichtig sein. Nicht selten zeigen sie schon im Alter von wenigen Wochen Verhaltensauffälligkeiten, die sie teilweise nie wieder ablegen.

Fellfarben

Den Border Collie gibt es in sehr vielen Farben mit unterschiedlichsten erlaubten Farbzeichnungen. Es sind etwa 20 Farben (je nachdem wie man die Farben definiert), mit über 100 unterschiedlichen Farbvarianten und Fellzeichnungen beschrieben. So sind in allen Farben Blässen, weiße Halskrausen, weiße Vorgesichter, Pfoten und Rutenspitzen erlaubt, die weißen Flächen dürfen „gemottled“ sein, was getupft/ gesprenkelt bedeutet.

Halb weiße Gesichter, größere weiße Flecken im Fell und weiße Beine werden in der Fachsprache als „weiß überzeichnet“ oder als „weiß faktoriert“ bezeichnet und sind kein Zuchtausschluss. Das Weiß darf nur nicht flächenmäßig überwiegen, was seinen Ursprung zum einen darin hat, dass Schafe weiße Hunde nicht als Bedrohung sehen und vor ihnen nicht ausweichen, da Raubtiere in Mitteleuropa normalerweise nicht weiß sind. Zum anderen kann zu viel Weiß am Kopf im Zusammenhang mit Problemen des Innenohrs stehen, was die Tiere schwerhörig bis taub werden lässt. Mittlerweile werden trotzdem auch weiße Border Collies gezüchtet, da diese Farbzeichnung ebenfalls Liebhaber findet. Die Farbe wird jedoch nicht in allen Zuchtverbänden zugelassen.

Ein weißer Border Collie.

Die Farbvielfalt ist so groß, dass noch nicht bei allen Farben gesicherte Erkenntnisse über die Vererbung vorliegen. Auch variieren die Farbbezeichnungen zwischen den einzelnen Ländern, teilweise auch innerhalb der Länder, was zu Missverständnissen führt. Inzwischen gibt es einen DNA Test, der zeigt, welche Farben ein Border Collie in sich trägt und vererbt.

Tricolor Border Collie, weiß faktoriert.

Den Border Collie gibt es auch kurzhaarig, allerdings selten. Das Fell der glatthaarigen mit normal langem Fell kommt auch in welliger Ausführung vor. In jedem Fall ist der Border Collie farblich und von der Fellstruktur her eine der abwechslungsreichsten Hunderassen, die es gibt.

Bei allen Fellfarben kommen blaue Augen vor, auch einzelne blaue Augen, die nicht erwünscht (außer bei den merlefarbenen Hunden), aber verbreitet sind. Vorherrschend sind braune bis bernsteinfarbene Augen aber auch anthrazitfarbene und grünliche kommen vor. Mit der Augenfarbe verhält es sich beim Border Collie ähnlich wie mit der Fellfarbe: Es gibt kaum eine, die es nicht gibt. ☺

Hier einige Farben mit Beispielen:

Schwarz Weiß

Schwarz Weiß, auch Black and White genannt, ist beim Border Collie die am häufigsten vorkommende und wohl für die Rasse auch typischste Farbe. Die vorherrschende Fellfarbe ist Schwarz mit weißen Abzeichen. Auch Nase und Lefzen sind schwarz.

Schwarz Weiß Tricolor

Border Collie Schwarz Weiß und mit Split Face.

Tricolor, weiß faktoriert mit kräftigem Tan.

Kurzhaar Border Collie in Schwarz Weiß, weiß faktoriert.

Welpe mit blassem Tan.

Tricolor ist beim Border Collie, anders als beim Sheltie oder Collie, keine eigenständige Farbe, sondern Schwarz Weiß mit Tanabzeichen. Die Tanabzeichen über den Augen und an den Beinen können kräftig braun gefärbt sein oder auch blasser.

Kurzhaar Tricolor Border Collie.

Schwarz Weiß Merle, Schwarz Weiß Merle mit Tan

oder als Blue Merle bzw. Blue Merle Tricolor bezeichnet. Es handelt sich um eine stellenweise Aufhellung (lückenhafte Farbdarstellung) der Grundfarbe Schwarz zu Blau durch das Merle Gen. Das Fell sieht gesprenkelt aus, es sollten keine großen schwarzen Flächen vorhanden sein. Lefzen und Nase können ebenfalls gesprenkelt sein. Die Farbe kommt auch mit Tanabzeichen vor und wird dann als Blue Merle Tricolor bezeichnet.

Blau Weiß,
Blau Weiß Tricolor

Blue Merle Tricolor Border Collie mit gewelltem Fell.

Hier entsteht die blaue Farbe, anders als beim Schwarz Weiß Merle, nicht durch das Merle Gen, sondern durch das Dilutions Gen. Es verdünnt das gesamte farbige Fellpigment, wodurch das Schwarz zu Blau wird. Die Fellfarbe reicht von hellem Blau bis Dunkelschiefer (slate blue). Nase und Lefzen sind entsprechend der Fellfarbe graublau bis dunkelschiefer. Die Farbe kann auch mit Tanabzeichen vorkommen (blau weiß tricolor oder blue-tricolor). Auch der blau weiße Border Collie kann zusätzlich das Merle Gen tragen und wird dann zu Blau Weiß Merle bzw. Blau Weiß Merle Tricolor.

Hier darf die Augenfarbe gesprenkelt, auch blau sein oder jedes Auge unterschiedlich farbig sein, was bei anderen Fellfarben als Standardfehler angesehen wird.

Rot Weiß, Rot Weiß Tricolor

auch Red White oder Chocolate White genannt, kommt mittlerweile häufiger vor. Die Farbschattierungen reichen von Ockerrot bis Kastanienbraun. Die Nasen- und Lefzenfarbe ist rot, entsprechend also der Fellfarbe. Diese Hunde haben kein schwarzes Farbpigment, weder im Fell noch an Augen, Nase und Lefzen.

Die Tanzeichnung kann heller oder dunkler gefärbt auftreten.

Border Collie in Rot Weiß, einmal mit einem blauen Auge.

Border Collie in Rot Weiß mit Tan.

Rot Weiß Merle/ Rot Weiß Merle Tricolor

Beim Rot Weiß Merle handelt es sich, wie der Name schon sagt, um die stellenweise Aufhellung der roten Grundfarbe durch das Merle Gen. Der Hund zeigt unterschiedliche Tönungen derselben Farbe im Fell, leichte Nuancen sind möglich. Auch das Rot Weiß Merle kommt mit Tanabzeichen als Tricolor vor.

Die Sprenkelungen können auch an der Nase und den Lefzen vorkommen. Die Augenfarbe kann ebenfalls gesprenkelt oder blau sein.

Ein Border Collie in Rot Weiß Merle und einer in Rot Weiß Merle Tricolor.

Lilac Weiß/ Lilac Weiß Tricolor

ist eine eher seltene Farbe. Das Lilac ist die Verdünnung des Rot Weiß durch das Dilutions Gen und betrifft die gesamte rote Fellfarbe. Auch beim Lilac kommen hellere und dunklere Ausführungen vor. Die Nasen- und Lefzenfarbe entsprechen der Fellfarbe.

Die Farbe Lilac gibt es auch mit Tanabzeichen und in Merle.

Australisch Rot Weiß

wird auch als Oz-Red, ee-Red oder Gelb bezeichnet. Die Farbe kommt von hellem, blassem Rot bis kräftiger gefärbtem Rot vor. Die Welpen werden meist heller, teilweise fast weiß geboren und dunkeln dann in den ersten Jahren nach. Bei dieser Farbe wird eine der beiden Pigmentarten im Fell, das Eumelanin, durch das ee-Gen unterdrückt/ maskiert. Es ist also vorhanden und zeigt sich an Nase und Lefzen, nur im Fell nicht. Das Nasenpigment kann, vor allem im Winter, aufhellen. Der Australisch Rot Weiße Border Collie kann aus allen Farben (schwarz, blau, rot, lilac) hervorgehen und diese zu Rot maskieren.

Australisch Rot Weiße Hunde sollten nicht mit Hunden gepaart werden, die das Merle Gen tragen, da das Merle Gen auch auf das Eumelanin wirkt. Daher sind bei Hunden mit ee-Gen und Merle Gen die verdünnten Fellflecken nicht zu erkennen (ebenso die Tanabzeichen) und es kann so versehentlich zu Verpaarungen mit anderen Hunden kommen, die das Merle Gen tragen.

Das Australisch Rot gab es zeitweise nur noch in Australien und Neuseeland, daher der Name. In Europa wurden Welpen mit der Farbe aussortiert, da die Schäfer davon ausgingen, dass die Schafe vor zu hellen Hunden keinen Respekt haben. Die Farbe wurde aber trotzdem rezessiv weiter vererbt. Seit vermehrt Australische Border Collies in Deutschland in der Zucht eingesetzt werden, kommt die Farbe wieder häufiger zum Vorschein.

Zobel Weiß, Dunkel Zobel Weiß

oder Sable bzw. Dark Sable White genannt. Anders als beim Collie, bei dem Zobel Weiß die häufigste Farbe ist, ist sie beim Border Collie eher selten geworden. Es kommen Farbschläge von hell bis dunkel Zobel vor. Die Hunde brauchen einige Jahre, um ihre endgültige Farbe zu entwickeln, sie werden bis dahin mit jedem Fellwechsel ein wenig dunkler. Die Decke kann dabei fast schwarz werden. Der zobelfarbene Border hat den typischen schwarzen Colliefleck oben am Schwanz. Die Nase und die Lefzen sind schwarz gefärbt. Das zobelfarbene Haar ist nicht einfarbig, sondern mehrfarbig und kann beim Border Collie schwarz, blau, rot oder lilac schattiert sein.

Zobelfarbene Hunde dürfen, wie die Australisch Roten, nicht in allen Zuchtverbänden mit Hunden verpaart werden, die das Merle Gen in sich tragen. Dennoch gibt es auch beim Border Collie vereinzelte Sable Merles.

Für wen ist der Border Collie geeignet?

Idealerweise für Menschen, die Tiere haben, die gehütet werden müssen, seien es Schafe, Rinder oder Federvieh. Er ist unter ganz bestimmten Voraussetzungen auch als Familienhund geeignet, allerdings nur, wenn jemand Zeit, Lust und genug dauerhafte Disziplin hat, ihn ausreichend körperlich und geistig zu beschäftigen. Für Anfänger ist er eher nicht geeignet.

Langhaar Collie, LHC

Der Langhaar Collie, auch Rough Collie genannt, ist ein Hund, der durch sein freundliches, ausgeglichenes, sanftes Wesen und seine Optik besticht, aber trotzdem keinesfalls als Statussymbol missverstanden werden sollte. Bedingt durch die lange Zucht als Helfer der Schäfer sucht und braucht er, wie alle Hütehunde, den engen Kontakt zum Menschen. Er liebt es, immer überall dabei zu sein und ist sehr aufgeschlossen allem Neuen gegenüber. Er möchte immer alles genau wissen (was manche Leute veranlasst zu sagen, der Collie sei neugierig). Ein Collie ist leichtführig, intelligent, sensibel und von daher entsprechend einfacher zu erziehen als manch andere Rasse, aber auch ein Collie wird nicht von alleine stubenrein, abrufbar und leinenführig, auch bei ihm muss an der Ausbildung gearbeitet werden.

Auf Grund seiner Eigenart, sich eng an den Menschen zu binden (wenn man ihn lässt) und immer überall dabei sein zu wollen, ist auch er keinesfalls für die Zwingerhaltung geeignet. Leider wird er trotzdem oft in Zwingern gehalten. Anders als der Bearded Collie arrangiert sich der Collie mit einem solchen Schicksal, da er sehr anpassungsfähig ist, nur selten aufbegehrt und sich willig unterordnet, was aber nicht heißt, dass er damit glücklich ist. Wer einen Collie im Zwinger hält, hat das Wesen dieser Hunde nicht verstanden und ich würde nicht von einem Züchter kaufen, der dies tut.

Collies sind wachsam und melden jeden, der sich ihrem Revier nähert. Die Langnasen sind ausgesprochen redefreudig und können ganze Romane erzählen, wobei es immer wieder erstaunlich ist, zu welch unterschiedlichen Lautäußerungen sie fähig sind. Dabei kann es passieren, dass Collies zu Kläffern mutieren, was sowohl ein Ergebnis von Über- als auch Unterforderung sein kann. An der Tendenz zum Kläffen muss frühzeitig gearbeitet werden, allerdings darf man dabei nicht den Fehler machen, ihnen das Lautgeben ganz zu verbieten, denn es gehört zu ihrem Wesen, Gefühlslagen verbal mitzuteilen. Wer einen Hund sucht, der möglichst wenig bellt, der ist mit einem Collie nicht gut beraten. Fremden gegenüber ist der Collie eher reserviert und erstmal abwartend, dabei aber nicht territorial.

Das erste Mal in Mode kam der Collie, als sich die englische Königin Victoria in diese Hunde verliebte. Bis dahin war er ein reiner Bauern- und Schäferhund. Nun wurde er auf Grund seiner edlen Erscheinung zum Liebling des Adels und vom Hüte- zum Begleithund, wodurch nicht mehr die Leistungsfähigkeit der Hunde in den Vordergrund der Zucht trat, sondern das Schönheitsideal. Um so erstaunlicher ist es, dass es heute immer noch Langhaar Collies mit guten Hüteeigenschaften gibt.

Mit den Auswanderern nach Übersee gelangten auch Collies in die „Neue Welt", wo sich der Typ des Hundes im Laufe der Jahre optisch deutlich anders entwickelte als in Europa.

1885 wurden die ersten Collies nach Deutschland importiert und fanden auch hier schnell ihre Freunde. Während des ersten Weltkrieges wurde er auf Grund seines Wesens und seiner Intelligenz als Sanitäts- und Meldehund eingesetzt.

Vollends zum Modehund wurde der Collie mit der Verfilmung des Romans „Lassie come home" 1943 und der darauf folgenden Fernsehserie „Lassie" (1958 — 1974), die auch heute immer noch regelmäßig wiederholt wird und sicherlich für viele Generationen Colliefans der Grundstein ihrer Liebe wurde, der Rasse aber leider nicht nur Positives bescherte; denn bei jeder Rasse, die in Mode kommt, geht dies letztendlich auf Kosten des Wesens und der Gesundheit.

Durch die plötzlich gestiegene große Nachfrage sind sehr schnell Vermehrer zur Stelle, die das große Geld wittern. Es wird auf Masse produziert und weniger auf das Wesen und die robuste Gesundheit geachtet. Auch seine Optik wurde mehrfach stark einem veränderten Modebewusstsein unterworfen,

was ebenso seinen Tribut forderte. Deshalb müssen wir heute leider zum Teil sehr ängstliche, mit Stress nicht gut klar kommende Collies und auch solche mit niedriger Reizschwelle beklagen. All das entspricht absolut nicht dem ursprünglich sehr gefestigten und ausgesprochen freundlichen Wesen dieser Rasse. Die genannten Punkte sind wohlgemerkt Probleme einzelner Zuchtlinien aller Verbände und nicht der gesamten Rasse, denn es gibt ihn, den wesensfesten und freundlichen Collie. Allerdings darf man ihn leider nicht mehr als selbstverständlich voraussetzen beim Welpenkauf, sondern muss genau hinschauen, woher man seinen Hund bezieht.

Die Lebenserwartung ist beim Collie (wie bei allen anderen Rassen auch) schwer zu beziffern, da es keine offiziellen Erhebungen gibt und die Zahlen aus dem letzten Jahrhundert nicht mehr aktuell sind.

Durch den Versuch der Züchter einzelner Verbände in den 60 — 70er Jahren des letzten Jahrhunderts, dem Collie einen lieblicheren Ausdruck zu verleihen, trat etwas ein, was man bei kaum einer ande-

glatten Linie von den Ohren bis zur Spitze der schwarzen Nase, ohne dass der Fang dünn und spitz wirkt..."

Zwei etwa gleich alte Collierüden 2008. Der obenstehende Rüde ist amerikanisch gezogen, der untere britisch. Nicht nur bei der Kopfform sind solche Extreme zu beobachten, sondern häufig auch an anderen Körperteilen des Hundes.

ren Rasse beobachten kann. Es entstanden extrem unterschiedliche Hundetypen unter demselben, recht engen Rassestandard. Papier ist manchmal eben doch sehr geduldig. Auszug aus dem Rassestandard der FCI (Fédération Cynologique Internationale):

Kopf und Schädel:

„...Von vorn und von der Seite gesehen gleicht der Kopf einem gut abgestumpften, sauber geschnittenen Keil mit glatten Außenlinien. Der Schädel ist flach und verjüngt sich an den Seiten allmählich in einer

Rüde des „amerikanischen Typs".

Hündin des „britischen Typs".

Es gibt Extreme, bei denen man sich fragt, ob sie überhaupt noch zur gleichen Rasse gehören. Durch die Zucht auf einen schmaleren, spitzeren Fang haben die Collies teilweise einen sehr flachen Unterkiefer bekommen, was zu nicht unerheblichen Zahnproblemen führen kann. Fehlende oder im Alter ausfallende Zähne und Zahnfehlstellungen kommen viel häufiger vor, ein extrem ausgeprägter Stop kann zu gesundheitlichen Problemen führen.

Wer sich für einen Collie entscheidet, muss sich vorab also erst einmal klar darüber werden, welcher optische Typ ihm eher zusagt. Im Moment unterscheidet man zwischen dem amerikanischen und dem britischen Typ. Wobei man bei vielen so genannten amerikanischen Collies einen Vorfahren aus Amerika in den Ahnentafeln vergeblich sucht oder vielleicht einen unter vielen deutschen findet. Genauso sucht man oftmals bei dem britischen Typ Hunde aus Großbritannien vergebens.

Mit diesen Bezeichnungen wird also nicht unbedingt der kontinentale Ursprung der Hunde beschrieben, sondern die unterschiedlichen optischen Erscheinungsbilder. Der amerikanische Typ ist in der Regel ein etwas größerer Hund mit weniger Unterwolle und einem meist etwas gröber geschnittenen Kopf, größeren Augen und einem stärkeren Knochenbau, wobei es immer mehr wirklich in Amerika gezogene Zuchthunde in Deutschland gibt, die, was zum Beispiel das Fell betrifft, zum Teil gar nicht in dieses Schema passen, da auch in den USA inzwischen auf Fellmenge gezüchtet wird und auch sehr kleine Augen vorkommen.

Ein echter „Ami", ein Importrüde aus Amerika.

Als britischer Collie wird in der Regel der meist etwas kleinere Collie mit mehr Unterwolle, was den Hund plüschiger erscheinen lässt, und auf lieblicheren Ausdruck (kleinere Augen, schmalerer Fang) gezüchtete Collie bezeichnet. Der ganze Hund erscheint weicher und man kann die Körperkonturen unter den Fellmassen nur noch erahnen, was ihm viel seiner ursprünglichen Eleganz genommen hat.

Es gibt aber auch etliche Linien dazwischen, die in keines dieser Schemata passen, oder Verpaarungen amerikanischer und britischer Collies, die sich sowohl optisch, vom Körperbau wie auch von Wesen und Gesundheit her gut ergänzen können.

Hundefreunde, die sich erstmals einen Collie anschaffen möchten, sind gut beraten, sich bei vielen verschiedenen Züchtern umzusehen und vielleicht mehrere Ausstellungen unterschiedlicher Zuchtverbände zu besuchen. Hilfreich kann auch der Besuch eines Collietreffens sein, dort trifft man in der Regel die verschiedenen Typen an und kann sie miteinander vergleichen.

Ein Collie wie er vor ca. hundert Jahren ausgesehen hat, bevor auf Fellmenge und lieblichen Ausdruck gezüchtet wurde – es gibt sie auch heute noch.

Fellfarben

Die Ursprungsfarben des Collies (wie der meisten Hütehunde) waren Schwarz und Grau meliert (Blue Merle), mit oder ohne weiße Abzeichen. Durch die Einkreuzung anderer Rassen, vermutlich des Barsoi, worüber es allerdings keine genauen Aufzeichnungen gibt, entstanden auch mahagonifarbene Hunde. Der erste, der auf einer Ausstellung Aufsehen erregte und als Urvater der modernen Collies gilt, war „Old Cockie".

Old Cockie

Es gibt den Collie in vier Farben, wobei der weiße Collie bei uns nicht in allen Zuchtverbänden anerkannt und noch relativ selten gezüchtet wird. In allen Farbschlägen sind weiße Halskrausen, weiße Pfoten, eine weiße Rutenspitze, eine weiße Blässe und ein weißes Vorgesicht erlaubt oder sogar erwünscht. Unerwünscht sind hingegen weiße Krausen, die bis über die Schulterblätter gehen oder halb weiße Gesichter, wie man sie beim Border Collie häufig sieht. Auch weiße Flecken im Fell sind in manchen Verbänden unerwünscht.

Sable

Der sable- oder zobelfarbene Collie ist der heute am häufigsten vorkommende Farbschlag (das Erbe des Lassiebooms). Der Farbton geht von Hellgolden über Fuchsrot bis zu Mahagonifarben, wobei sehr blasse Farbtöne eher unerwünscht sind. Es wird unterschieden zwischen reinerbig Sable und Dark Sable. Der Dark Sable trägt das Tricolor Farbgen, was man zwar nicht immer deutlich sieht, aber meistens zu einer dunkleren braunen Fellfarbe führt.

Sablefarbene Hunde haben eine dunkler gefärbte bis fast schwarze Gesichtsmaske über den Augen und einen schwarzen Fleck am Rutenansatz, den so genannten Colliefleck. Diesen Fleck haben zwar alle Collies, aber bei einigen Fellfarben ist er nicht so deutlich zu sehen wie beim sablefarbenen.

Der Sable wird in den ersten Jahren mit jedem Fellwechsel ein wenig dunkler und ist mit etwa drei bis vier Jahren ausgefärbt. Das Sommerfell bleibt aber in der Regel etwas heller als das Winterfell.

Eine Variante des Sable ist das Sable Merle bzw. Dark Sable Merle. Es entsteht, wenn man Sable oder Dark Sable mit Blue Merle, Sable Merle oder Dark Sable Merle verpaart.

Bei ganz jungen Sable Merle Welpen sieht man oftmals graue bzw. dunklere braun-schwarze Flecken im Fell, analog zu den schwarzen Flecken im Blue Merle. Diese Flecken verschwinden beim Sable Merle, anders als beim Blue Merle, aber meistens nach dem ersten Fellwechsel oder durch die im Laufe der Jahre dunkler werdende braune Farbe des Fells vollständig. Dadurch kann man optisch einen erwachsenen Sable Merle meistens nicht mehr von einem Sable oder Dark Sable unterscheiden, was bei unerfahrenen Züchtern unwissentlich zu Merle x

Ein mit zwei Jahren noch ungewöhnlich deutlich zu erkennender Sable Merle.

Oben Rüden, unten Hündinnen, links jeweils der „amerikanische“ Typ, rechts der „britische“.

Merle Verpaarungen führen kann. Das ist der Grund, weshalb in manchen Zuchtverbänden Verpaarungen, aus denen Sable Merles hervorgehen können, verboten sind.

Manchmal verraten ein oder zwei blaue Augen (oder blaue Flecken/ Sprenkel in den Augen) einen erwachsenen Sable Merle. Diese sind aber nicht zwingend, er kann ebenso zwei braune Augen haben. Die Farbe des erwachsenen Hundes kann „verwaschen“, eben verdünnt aussehen, was aber kein sicheres Erkennungszeichen ist, da auch normale Sable mit schlechter Pigmentierung solche sehr hellen „verdünnten“ Farben haben können. Oftmals sind die Ohren an der Rückseite von sable merle Hunden gesprenkelt oder heller mit einem dunklen Rand.

Seit einiger Zeit tauchen in einigen Zuchtverbänden vermehrt Collies auf, denen das schwarze Pigment

Ein Sable Merle, erkennbar an dem blauen Fleck im Auge und den gesprenkelten Ohrenspitzen.

im Fell zu fehlen scheint und die weder die typische Maske im Gesicht noch den Colliefleck an der Rute und zudem sehr häufig auffallend helle Nasen haben. Von ihrer Farbe her ähneln diese Hunde sehr dem Australisch Rot Weißen Border Collie, bei dem die Grundfarbe im Fell durch das ee-Gen unterdrückt wird. Wenn es sich bei diesen Collies um dieselbe Farbvariante handelt wie beim Border, dann können sie von der Grundfarbe (die man nicht sieht) nicht nur Sable sein, sondern auch Tricolor und Blue Merle. Es sind solche sehr hellen „Sable" auch schon aus reinen Tricolor Verpaarungen hervorgegangen, was dafür spricht, dass es sich um die Farbe Australisch Rot handelt, da aus zweimal Tricolor genetisch nur zu 100% Tricolorwelpen fallen können.

Ein „Australisch Roter" Collie ohne Maske und mit heller Nase und hellem Pigment.

Tricolor

Der Tricolor ist überwiegend schwarz mit lohfarbenen Abzeichen über den Augen, am Fang und an den Beinen. Die Maske des Tricolor sollte unten um die Augen herum und über den Nasenrücken führen.

Selten sieht man Tricolor Collies mit einem so genannten „Sablegesicht“, denen der Teil der schwarzen Maske unter den Augen fehlt.

Erwünscht ist ein dunkles, lackschwarzes Fell ohne braunen, rostfarbenen Schimmer. Die lohfarbenen Abzeichen sollten möglichst kräftig gefärbt sein.

Ein Tricolor mit nicht vollständiger Maske und einer mit korrekter Maske.

Blue Merle

Blue Merle ist eine stellenweise Verdünnung/ Aufhellung des Schwarz vom Tricolor durch das Merle Gen. Das Fell sollte kräftig silber-blau sein, mit schwarzen, nicht zu großflächigen, über den Hund verteilten Flecken. Der Blue Merle hat dieselben lohfarbenen Abzeichen wie der Tricolor und ebenfalls eine Maske, die um die Augen und über den Nasenrücken geht. Der Blue Merle kann blaue, marmorierte oder braune Augen haben, wobei jedes Auge eine andere Farbe haben kann.

Das Merle Gen ist nicht unumstritten in der Zucht, da es bei einer Doppelung schwere körperliche und geistige Schäden mit sich führen kann. Lesen Sie hierzu bitte auch im Kapitel über Krankheiten unter Merle Syndrom nach.

Weiß faktoriert

Weiß faktorierter Tricolor Rüde.

Der Weißfaktor ist keine eigenständige Farbe, sondern ein verdecktes Gen, das zusätzliche Varianten bei allen Farben auftreten lässt. Er kann unterschiedlich angelegt sein. So gibt es zum Beispiel Hunde, denen man den Weißfaktor äußerlich nicht ansieht, sie sind ganz normal gefärbt, tragen den Weißfaktor aber in sich und vererben ihn auch. Eine andere Möglichkeit ist, dass die Hunde größere weiße Abzeichen als üblich im Fell haben, wie eine große weiße Rutenspitze, Weiß an den Hinterläufen, auch innen, bis über das Knie und unter den Bauch, extrem breite weiße Halskrausen auch bis über die Schultern oder einzelne kleine weiße Flecken im Fell. All das kann sehr selten auch bei Hunden ohne Weißfaktor auftreten. Treten aber zwei oder mehr dieser Zeichen auf, kann man davon ausgehen, dass der Hund mit ziemlicher Sicherheit weiß faktoriert ist.

Deutlich weiß faktoriert sind die so genannten Weißschecken. Diese Hunde haben große weiße Flecken im Fell. Eine Farbvariante, die in einigen Zuchtverbänden sehr unerwünscht ist und als Fehlfarbe gilt.

Verpaart man zwei weiß faktorierte Hunde miteinander, können die Nachkommen weiße Collies sein.

Weiß faktorierte Sable Hündin.

Weiß oder auch Color Headed White

White Blue Merle Rüde.

White Sable Rüde (die andere Seite ist komplett weiß).

Der weiße Collie hat immer einen farbigen Kopf in den Farben Sable, Dark Sable, Sable Merle, Tricolor oder Blue Merle und ist ansonsten weiß, mit oder ohne farbige Flecken der Grundfarbe entsprechend, den so genannten Spots, am Körper.

Die Farbe Weiß ist im Europäischen FCI Standard nicht anerkannt und gilt dort als Fehlfarbe. Den Farbschlag gibt es aber schon sehr lange, Queen Victoria hatte bereits weiße Collies. Der weiße Collie hatte bei uns lange Akzeptanzprobleme, während er in den USA durchaus seine Liebhaber fand und gezüchtet wurde. Die Farbe ist im AKC (Amerikanischer Kennel Club) auch als Standardfarbe anerkannt.

Das Manko des weißen Collies ist, dass er oftmals immer noch mit dem Weißtiger verwechselt wird, der auf Grund des doppelten Merle Genes kaum farbiges Pigment hat, also auch überwiegend weiß ist (auch am Kopf), aber mehr oder weniger schwere Defekte aufweisen kann (vergl. unter Krankheiten).

Der echte weiße Collie hingegen ist ebenso gesund wie die anderen Farbschläge. Er erfreut sich in den letzten Jahren auch bei uns größerer Beliebtheit und wird in den Zuchtverbänden außerhalb der FCI auch in Deutschland gezüchtet. Gelegentlich kommen auch innerhalb der FCI Verbände weiße Welpen vor.

Für wen ist der Langhaar Collie geeignet?

Der Langhaar Collie ist ausgesprochen anpassungsfähig und kommt mit den unterschiedlichsten Lebenssituationen zurecht, was man aber nicht ausnutzen sollte, um ihn wegen seiner Eleganz als Dekorationsgegenstand zu halten. Er kommt auch mal mit weniger Beschäftigung aus und nimmt das nicht übel, auf Dauer braucht er aber ausreichend Bewegung. Er ist sehr intelligent und sollte entsprechend gefördert werden. Ein Collie ist, entsprechend seines jeweiligen Wesens, für jede Art von Familie geeignet, mit oder ohne Kinder, aktive oder weniger aktive Leute. Mit ihm kann man Hundesport betreiben, in einer Rettungshundestaffel arbeiten oder ihn bei entsprechender Auslastung als Familienhund halten. Er ist auch für Anfänger geeignet.

Kurzhaar Collie, KHC

Der Ursprung des Kurzhaar Collies, der auch Smooth Collie genannt wird, gibt genauso Rätsel auf wie der seines langhaarigen Vetters. Es wird vermutet, dass ein Teil seiner Ahnen aus dem südlichen Europa und Nordafrika stammt, die vermutlich von den Römern und den Phöniziern nach Britannien gebracht wurden. Kurzhaarige Hütehunde waren im kalten, stürmischen Britannien eher selten. Sicher ist nur, dass irgendwann auch der Langhaar Collie eingekreuzt wurde.

Obwohl Queen Viktoria auch an den kurzhaarigen Collies Gefallen fand und diese ebenfalls züchtete, wurde der KHC nie ein Modehund und blieb so von züchterischen Modeerscheinungen verschont, was ihn ursprünglicher und von der Optik wesentlich einheitlicher als seinen langhaarigen Vetter macht. Vom Wesen her sind sich beide Collies sehr ähnlich. Anfangs wurden auch immer noch langhaarige mit kurzhaarigen gepaart, heute sind es eigenständige Rassen. In den USA und Verbänden, die diesen Standard übernommen haben, ist es aber auch heute noch erlaubt, KHC mit LHC zu verpaaren. Was durchaus Sinn macht, da der Genpool der KHC nicht sehr groß ist und der der LHC, obwohl erheblich mehr Hunde vorhanden sind, durch vermehrte Linienzucht und den Einsatz verhältnismäßig weniger Deckrüden in jeder Generation ebenfalls nicht sehr groß ist.

Nach Deutschland kamen die ersten Kurzhaar Collies 1961. Sie werden seitdem mit wenigen Würfen im Jahr (aber ansteigender Zahl) auch hier gezüchtet. Auch beim KHC werden seit einiger Zeit Zuchthunde aus den USA importiert, wobei der optische Unterschied hier wesentlich geringer zu den Europäern ist als beim LHC. Die aus den USA stammenden Hunde haben einen etwas massigeren Kopf und Körperbau und sind insgesamt etwas größer.

Der KHC war wie der LHC vermutlich ein Allrounder, der ebenso als Hüte-, Treib- und Hofhund in den weniger rauen Gebieten eingesetzt wurde. Er blieb sehr lange reiner Arbeitshund und wurde auch speziell auf diese Fähigkeiten selektiert, was man ihm heute oftmals noch anmerkt. Er ist robuster und agiler und zeigt in der Regel mehr Anlage zum Hüten und mehr Arbeitseifer – und muss dementsprechend ausgelastet werden. Wobei er kein Workaholic ist wie der Border Collie, aber eben auch kein Hund, der nur dekorativ auf dem Sofa sitzen

„Britischer“ KHC, reinerbig Kurzhaar.

„Amerikanischer“ KHC, Langhaar faktoriert.

möchte. Bei uns wird er oft in der Rettungshundearbeit, als Therapiehund und für ähnliche Aufgaben eingesetzt.

Der Kurzhaar Collie wird im Schnitt etwas älter als der Langhaar Collie.

Der gravierendste Unterschied zwischen den beiden Collies ist tatsächlich die Felllänge. Es gibt beim Kurzhaar Collie zwei Arten von Fell: reinerbig Kurzhaarige und mischerbig Kurzhaarige. Bei den reinerbig kurzhaarigen Hunden sind die Haare kürzer als bei den mischerbigen, die ein Gen für Langhaar tragen und dann eher stockhaarig wie ein Deutscher Schäferhund aussehen. Auch der KHC hat Unterwolle, die genauso abhaart wie beim LHC. Die kurzen Deckhaare haben die unangenehme Eigenschaft, auf Polstern und an der Kleidung stecken zu bleiben und zu pieksen. Sie sind schwerer zu entfernen als die Haare des LHC, die oben drauf liegen. Der KHC muss auch regelmäßig gebürstet werden, um abgestorbenes Fell auszukämmen, was aber nicht in solch stundenlange Arbeit ausartet wie beim LHC, sondern in wenigen Minuten erledigt ist.

Er hat kein Problem mit seinen „Tütenohren".

Der Kurzhaar Collie sollte vom Standard her, genau wie der LHC und der Sheltie, im oberen Drittel nach vorne gekippte Ohren haben. Bei allen drei Rassen gibt es sehr viele Hunde, die keine Naturkippohren mehr haben. Bei Zuchthunden, aber auch bei vielen privat gehaltenen, wird deshalb künstlich nachgeholfen, indem im Welpen- bzw. Junghundalter die Ohren auf die vielfältigste Art und Weise geklebt oder beschwert werden, teilweise sogar lebenslang. Über diese Manipulationen, die nichts anderes sind als eine Vortäuschung eines nicht vorhandenen Rassemerkmals, wird viel gestritten, insbesondere da sie unsinnig sind, weil diese erworbene Eigenschaft natürlich nicht vererbt wird. Denn ein Hund mit Stehohren, dessen Ohren nur kippen, weil sie geklebt wurden, vererbt natürlich Ohren mit der Anlage zu stehen.

Da es sich bei diesem Rassemerkmal um ein rein optisches handelt, das keinerlei Auswirkung auf die Gesundheit der Hunde hat, sondern rein dem Wohlgefallen des Menschen dient, sollte man seinem Hund diese Manipulationen ersparen. Wenn man es denn unbedingt doch möchte, sollte man zumindest darauf achten, wie man vorgeht! Auch bei Tipps von Züchtern und vermeintlich erfahrenen Hundehaltern ist Vorsicht geboten. So ist zum Beispiel die Paste, die gerne und viel verwendet und empfohlen wird, um die Ohren zu beschweren, eine Rheumapaste, also ein Medikament, das die Durchblutung fördert und Schmerzen lindert. Desweiteren wird gerne ein Teppichkleber genommen, um die Haare zu verkleben, der beim Kontakt mit der Haut zu Reizungen und Verletzungen führen kann. So etwas hat nichts, aber auch gar nichts in Hundeohren zu suchen. Kaugummis, Lakritz und Co. tun die gleichen Dienste und sind gesundheitlich weit unbedenklicher. Vor allem wenn die Hunde miteinander spielen, beißen und ziehen sie sich gerne an den Ohren, was mit Rheumapaste und Teppichkleber nicht so wirklich toll ist.

Natürlich fallende Ohren.

Die Art, wie in den USA zum Teil der Form der Ohren nachgeholfen wird, ist ebenfalls unakzeptabel. Da werden beide Ohren mit Hilfe von Leukoplast und Pappe aufrecht stehend zusammen und die Spitzen runter geklebt. Der Hund hat somit kein Chance, seine Ohren zu bewegen. Wer sich nur ein bisschen mit der Körpersprache der Hunde auskennt, der weiß, wie wichtig das Ohrenspiel für ihre Kommunikation ist. Ein Hund, der seine Ohren weder anlegen noch zur Seite drehen kann, ist behindert – vergleichbar mit der Totalamputation der Rute.

Das andere Extrem sind viel zu schwere Ohren, bei denen die Hälfte oder mehr nach vorne oder auch zur Seite kippt. Das entsteht teilweise auch beim Kleben der zu leichten Ohren und manchmal sieht man, dass geklebt wurde, weil ein Knick im Ohr entsteht und es nicht natürlich fällt. Zudem verändern zu schwere Ohren den eigentlich intelligenten, aufgeweckten Blick viel mehr als stehende Ohren, die immer aufmerksam wirken.

Zu schwere Ohren beim Langhaar.

Fellfarben

Die Farbschläge beim Kurzhaar Collie sind identisch mit denen des Langhaar Collies, wobei sich hier der weiße Collie noch nicht durchgesetzt hat und bei uns im Moment wirklich noch ein Exot ist. Beim KHC Sable kommt die Variante ohne dunkle Maske im Gesicht vor.

Sable KHC ohne Maske.

Sable KHC mit Maske.

Blue Merle KHC.

Tricolor KHC.

Für wen ist der Kurzhaar Collie geeignet?

Für aktive Menschen, die gerne mit ihrem Hund arbeiten, etwas unternehmen wollen, sei es zum Spaß oder als Theraphie- oder Rettungshund. Er ist seinem Wesen entsprechend auch als Familienhund mit kleinen Kindern und für Anfänger geeignet.

Shetland Sheepdog (Sheltie)

Der Shetland Sheepdog, der umgangssprachlich Sheltie genannt wird, kommt, wie sein Name verrät, ursprünglich von den Shetland Inseln. Zu seinen Vorfahren gehören vermutlich spitzähnliche Hunde und kleine nordische Hütehunde. Auf den rauen Inseln im Norden Britanniens sind auf Grund des geringen Futter- und Platzangebotes alle Tiere kleiner als ihre Vertreter auf dem Festland, so auch die Hunde. Was einen aber nicht täuschen sollte; ein Sheltie ist ein sehr selbstbewusster, flinker, zäher kleiner Kerl, der sich durchaus gegen das Vieh durchsetzen konnte und kann. Was ihm an Größe fehlt, macht er durch eine laute Stimme und sein Selbstbewusstsein wieder wett. Er war nie ein reiner Hütehund, sondern wie der Collie ein Bauernhofhund, der ständige Begleiter seiner Familie, der Haus und Hof bewachte, Schadnager kurz hielt und das Vieh zusammen trieb.

Auf den Inseln verkehrten viele Fischer, die diese kleinen Hunde vermutlich als Andenken und Geschenke für ihre Familie mit auf's Festland nahmen und so zu ihrer Verbreitung beitrugen. Anfangs variierten das Aussehen und die Größe noch erheblich, erst 1908 wurde der erste Sheltieclub gegründet und ein Standard erstellt. Ursprünglich sollte die Rasse Shetland Collie heißen, was aber bei den Colliezüchtern nicht auf Gegenliebe stieß. Nach dem ersten Weltkrieg war die Population derart geschrumpft, dass man den Collie einkreuzte, um

Importrüde aus Amerika.

wieder genügend Zuchttiere zu erhalten. Den zweiten Weltkrieg hat die Rasse besser überstanden.

Der Sheltie ist ein fröhlicher, sehr intelligenter, agiler kleiner Kerl, sehr anhänglich und auf einen Menschen fixiert. Zwar ist er lieb und freundlich zu allen Menschen seines Sozialverbandes, aber Shelties fixieren sich oftmals sehr auf einen einzigen Menschen, dem sie als Schatten überallhin folgen. Sie sind ideale Hunde für Einpersonenhaushalte. Sie sind sehr sensibel und passen sich sehr gut an. Shelties sind von Fremden nicht unbedingt angetan und entscheiden selber, wen sie mögen und wen nicht. Sie neigen durchaus dazu, Fremde in ihrem Revier auch mal in die Waden zu zwicken. Sie sind sehr wachsam und schlagen an, wenn ihnen etwas merkwürdig vorkommt. Der Sheltie ist, wie die meisten der britischen Hütehunde, bellfreudig und somit auch nicht unbedingt für eine Wohnung im Mietshaus geeignet.

Leider muss man auch beim Sheltie beobachten, dass immer häufiger wesensschwache Hunde gezüchtet werden, die extrem ängstlich und unsicher auf ihre Umwelt reagieren. Desweiteren sind einige geschäftstüchtige Züchter auf den Trend der immer kleineren Hunde aufgesprungen und bieten Mini-Shelties an. Bei der Selektion auf Kleinwüchsigkeit kommt es häufig dazu, dass z.B. die inneren Organe im Verhältnis größer sind als bei normal großen Hunden, was dazu führt, dass der Anteil an Knochen und Muskeln dementsprechend geringer ist. Viele dieser Zwergrassen leiden deshalb an Patellaluxation und anderen Problemen des Bewegungsapparates, unter anderem höherer Frakturanfälligkeit. Nicht selten wird in solchen Zuchten auch kein Wert auf Gesundheit und Wesen gelegt, Hauptsache, der Hund ist möglichst klein. In den USA wurde länger als in Europa der Collie in die Sheltiepopulation eingekreuzt. Da sich der Collie in Übersee gegenüber seinen britischen Wurzeln optisch deutlich verändert hat, machte diese Entwicklung auch vor dem Sheltie nicht Halt. Die Veränderungen beim amerikanischen Sheltie gegenüber dem europäischen entsprechen in etwa denen vom amerikanischen Collie zum europäischen. Der Fang ist weniger spitz, die Keilform des Kopfes ist etwas stumpfer, die Augen stehen anders, er hat einen kräftigeren Körperbau, ist meist auch etwas größer und vermutlich durch die vermehrte Einkreuzung des Collies weniger reserviert Fremden gegenüber. Mittlerweile gibt es auch im deutschsprachigen Raum

Züchter aller Verbände, die Zuchthunde aus Amerika importieren und mit den europäischen verpaaren. Der Sheltie unterliegt (unterlag) nicht so gravierenden züchterischen Modetrends wie der Collie, obgleich es auch Shelties mit mehr oder weniger viel Unterwolle und mit spitzeren und weniger spitzen Gesichtern gibt. Auch die Naturkippohren sind nicht überall vorhanden, hier wird auch fleißig nachgeholfen. Durch die Einkreuzung des Collies gibt es beim Sheltie immer noch ein Problem mit einer einheitlichen Größe. Es gibt immer wieder Hunde, die um einiges größer sind, als es der Standard vorsieht und bei denen man optisch nicht zweifelsfrei feststellen kann, ob es ein großer Sheltie oder ein kleiner Collie ist, da die Übergänge manchmal fließend sind.

Shelties lernen sehr schnell, sind sehr wendig und flink. Auf Grund dieser Eigenschaften sind sie vor allem bei Hundesportlern, besonders beim Agility, sehr beliebt. Sie sind unermüdliche Begleiter, egal wohin ihr Mensch auch geht. Der Sheltie ist da, wenn er gefordert wird, ist aber von seiner Veranlagung her eher mit dem Collie zu vergleichen als mit dem Border Collie oder dem Beardie. Man kann mit einem Sheltie so ziemlich jede Art von Hundesport betreiben, man muss es aber nicht zwingend. Allerdings sollte man ihn hütehundgerecht beschäftigen und seine Intelligenz fördern. Auch ein Sheltie braucht regelmäßige Bewegung und ist mit Runden einmal um den Block nicht ausgelastet, denn auch wenn er klein ist, ist er sehr ausdauernd und bewältigt dieselben Strecken wie seine großen Vettern. Er ist kein Spielzeug für Kinder und kein Schoßhund für „Couchpotatoes", was auf Grund seiner geringen Größe leider manchmal vergessen wird. Er ist vielmehr ein echter Arbeitshund, der dieselben Anforderungen stellt wie die größeren Hütehunde.

Shelties werden, wie die meisten kleinen Hunde, oft älter als die größeren Rassen. Genaue Altersangaben sind auch hier schwierig, weil es keine offiziellen Erhebungen gibt.

Fellfarben

Sheltie in Sable Merle.

Color Headed White Sheltie mit zobelfarbenen Spots.

Die Farben und weißen Abzeichen beim Sheltie sind weitestgehend identisch mit denen der Lang- und Kurzhaar Collies, also Sable, Dark Sable, Sable Merle, Tricolor, Blue Merle und Color Headed White. Es kommen aber auch einige Farbschläge vor, die ansonsten bei den Collieartigen nur beim Border Collie zu finden sind. Nach Standard kom-

Shelties in Sable.

Sheltie in Bi Blue...

und Blue Merle.

men die Farben Bi Black und Bi Blue, also Tricolor und Blue Merle ohne Tanabzeichen vor. Zudem die sehr seltenen und nicht anerkannten Farben Liver Red (ein helles rotbraunes Fell ohne schwarze Abzeichen), Brindel (gleicht dem Schildpatt bei Katzen oder dem Brindel beim Border) und Maltese Blue (eine Aufhellung des gesamten Schwarz im Fell beim Tricolor und Bi Black zu Blau, vergleichbar der Farbe Blau Weiß beim Border Collie, Nase und Lefzen sind ebenfalls grau). Sable Merle und Color Headed White sind in Deutschland, wie beim Collie auch, nicht in allen Zuchtverbänden als Farbschlag zugelassen.

Der Farbgeschmack der Welpenkäufer wandelt sich immer wieder, so dass einige Farbschläge zeitweise

Sheltie in Tricolor und Bi Black.

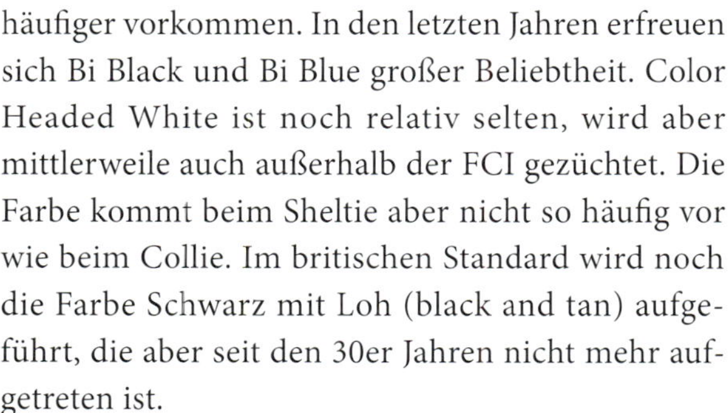
häufiger vorkommen. In den letzten Jahren erfreuen sich Bi Black und Bi Blue großer Beliebtheit. Color Headed White ist noch relativ selten, wird aber mittlerweile auch außerhalb der FCI gezüchtet. Die Farbe kommt beim Sheltie aber nicht so häufig vor wie beim Collie. Im britischen Standard wird noch die Farbe Schwarz mit Loh (black and tan) aufgeführt, die aber seit den 30er Jahren nicht mehr aufgetreten ist.

Für wen ist der Sheltie geeignet?

Der Sheltie ist der ideale Begleiter für aktive Menschen, die ihren Hund überallhin mitnehmen möchten. Er ist auf Grund der Eigenheit, Fremde eher skeptisch zu betrachten, nicht unbedingt der ideale Familienhund für Großfamilien mit viel Besuch, obwohl er natürlich durchaus auch in einer Familie mit Kindern glücklich werden kann, wenn keiner erwartet, dass er mit jedem ausgiebig schmust und sein Herz an jeden verschenkt, der zu Besuch kommt. Wegen seiner Bellfreudigkeit sollte gut überlegt werden, in welche Wohnsituation er passt. Davon abgesehen sind Shelties durchaus auch für Anfänger geeignet.

Mischlinge aus Collies, Sheltie & Co.

Es gibt sehr viele hübsche und zauberhafte Mischlinge unter Mitwirkung von Beardie, Border Collie, Collie und Sheltie und eines sind sie immer – liebenswerte Wundertüten. Da die unterschiedlichsten rassespezifischen Veranlagungen aufeinander treffen, kann man nie vorher sagen, was bzw. welches optische Merkmal oder welche Charaktereigenschaft sich durchsetzt. Die Größe und das Gewicht des erwachsenen Hundes kann man bei einem Welpen nur erahnen, weshalb manche Leute schon große Überraschungen erlebt haben, vor allem wenn sie unbedingt einen kleinwüchsigen Hund wollten und am Ende 30 kg an der Leine spazieren führten.

Wenn Sie mit dem Gedanken spielen, einen Mischling in Ihre Familie aufzunehmen, sollten Sie sich vorher einige Dinge bewusst machen und diese Entscheidung unter keinen Umständen vom vermutlich günstigeren Preis eines solchen Hundes abhängig machen. Auch das niedliche Aussehen eines Welpen ist kein guter Berater bei der Anschaffung – denken Sie daran, die allermeiste Zeit seines Lebens wird Ihr Partner auf vier Pfoten kein Welpe, sondern ein erwachsener Hund sein. ☺

Man kann zwei Arten von Mischlingen unterscheiden, zum einen solche aus zwei Rassen der gleichen Rassegruppe, zum Beispiel aus zwei unterschiedlichen Hütehunden. Bei einem Welpen aus solch einer Verpaarung kann man ungefähr einschätzen, was nachher an ererbten Eigenschaften rauskommt. Aber auch hier können unter Umständen nicht ganz einfache Kombinationen von Wesenszügen auftreten, auch wenn es sich vom Grundwesen her um Hütehunde handelt, die rassetypische Wesensmerkmale zeigen werden.

Auf Grund der zum Teil sehr unterschiedlichen Erbanlagen der zweiten Art von Mischlingen, die zum Beispiel aus einem Hütehund und einem Jagdhund oder einer anderen Rassegruppe oder auch einem ganz unbekannten Elternteil hervorgegangen sind, können diese Hunde recht anstrengend für ihre Halter werden. Stellen Sie sich zum Beispiel vor, Sie adoptieren eine Mischung aus Border Collie (Hochleistungshütehund) und Hovawart (territorialer Wächter). Bringt dieser Hund die Eigenschaften beider Elternteile mit, stellt er mit Sicherheit Anforderungen an seinen Halter, die von einem Laien oder Anfänger nicht zu erfüllen sind.

Deshalb sollten Sie sich bei der Auswahl eines Mischlings gründlich informieren, welche Rassen

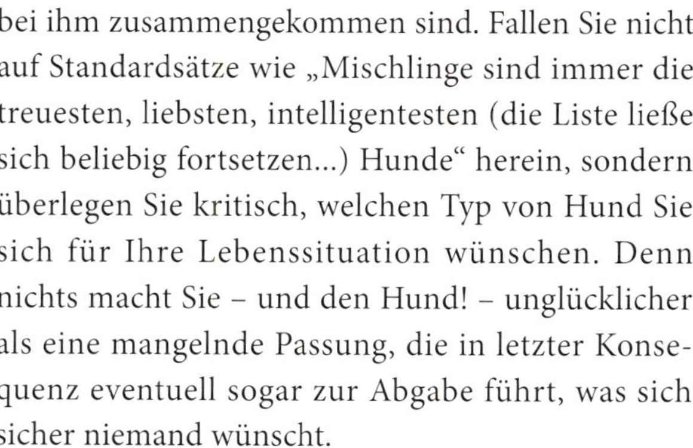

bei ihm zusammengekommen sind. Fallen Sie nicht auf Standardsätze wie „Mischlinge sind immer die treuesten, liebsten, intelligentesten (die Liste ließe sich beliebig fortsetzen…) Hunde“ herein, sondern überlegen Sie kritisch, welchen Typ von Hund Sie sich für Ihre Lebenssituation wünschen. Denn nichts macht Sie – und den Hund! – unglücklicher als eine mangelnde Passung, die in letzter Konsequenz eventuell sogar zur Abgabe führt, was sich sicher niemand wünscht.

Probleme können selbstverständlich auch bei Rassehunden auftreten, nur ist man da normalerweise vorbereitet, auf was man achten muss, um sie frühzeitig in die richtigen Bahnen zu lenken – zumindest, wenn man sich vorher informiert hat. Bei der „Wundertüte" Mischling ist es schwieriger, weil man oft nicht weiß, was kommen wird und die Gefahr besteht, dass man erste Anzeichen übersieht und dann mit den ausgewachsenen Problemen konfrontiert wird.

Anders sieht es aus, wenn Sie sich für einen erwachsenen Mischling aus dem Tierschutz entscheiden. Hier weiß man, welche Eigenschaften sich vererbt haben und was auf einen zukommt. Wichtig ist, dass die Tierschützer Sie fachkompetent und ehrlich beraten. Hierzu ist es unter anderem nötig, den Hund wirklich kennen gelernt zu haben, was natürlich nur möglich ist, wenn entsprechend viel Zeit mit ihm verbracht wurde. Ein gerade eben abgegebener oder frisch aus dem Ausland importierter Hund sollte deshalb so lange im Tierheim oder bei der Pflegestelle bleiben, bis zuverlässige Aussagen über sein Wesen und seinen Charakter gemacht werden können.

Von manchen Tierschutzorganisationen werden vor allem Welpen aus dem Ausland gerne als Collie-

Mischlinge bezeichnet, bei denen man sich fragt, wo da bitte der Collie sein soll?! Der Grund dafür ist, dass alle Collieartigen einen guten Ruf besitzen und vor allem der Collie immer noch vom Lassie-Image profitiert, was eine Vermittlung einfacher macht als bei einem Schäferhund-Mischling.

Wenn Sie eher unerfahren und/ oder unsicher sind, nehmen Sie zum Kennenlernen des Hundes einen erfahrenen Hundetrainer oder Kenner der Rassen mit. Dieser kann Sie beraten – auch darüber, ob der von Ihnen ausgesuchte Hund wirklich zu Ihnen passt.

Leider landen sehr viele Mischlinge, die als Welpen angeschafft wurden, in Tierheimen, weil sich ihre Halter vorher nicht informiert haben, was auf sie zukommen kann, wenn unterschiedliche Rassemerkmale aufeinander treffen. Deshalb ist es wichtig, sich vorher eingehend mit den Eigenarten der in Frage kommenden Rassen zu beschäftigen, mit Menschen zu sprechen, die solche Hunde haben oder sich bei Hundetrainern zu informieren. Nicht jeder Rassehund oder Mischling ist als Anfängerhund geeignet, manchmal ist Erfahrung in der Erziehung nötig, damit das „Unternehmen Hund" ein voller Erfolg für alle Beteiligten wird.

Für Anfänger ist ein erwachsener Mischling, ein Welpe aus zwei Hütehundrassen oder ein Rassehund in der Regel besser geeignet (vorausgesetzt, es stimmen die Rasse, das Wesen und die organisatorischen und familiären Voraussetzungen) als ein Mischling mit unbekanntem Elternteil oder einem Elternteil einer anderen Rassegruppe.

Viele Menschen entscheiden sich für einen Mischling, weil dieser angeblich gesünder und robuster ist als ein Rassehund. Das kann eventuell zutreffen, wenn es sich um absolute Senfhunde handelt (also um Hunde, die schon seit mehreren Generationen immer wieder aus Mischlingen hervorgegangen

sind, die beim besten Willen keiner Rasse mehr zuzuordnen sind). Aber ein Mischling aus zwei Rassehunden wird nicht gesünder sein als die reinrassigen Elterntiere – warum auch? Genau das Gegenteil kann der Fall sein: Da so ziemlich alle Rassehunde mit erblichen Krankheiten zu kämpfen haben, kann so ein Mischling extrem geschlagen sein mit Krankheiten, da sich bei diesen Verpaarungen/ Unfällen in der Regel niemand um gesundheitliche Aspekte kümmert.

Die Mischlingshündin auf dem Bild ist ein so genannter Doppelmerle oder Weißtiger (vergl. unter Krankheiten), sie kam ohne Augäpfel und fast taub zur Welt. Sie kommt mit den Behinderungen gut zurecht und ist ein fröhlicher Hund mit viel Spaß am Leben. Die Aufgabe, so einem Hund gerecht zu werden, ist aber natürlich eine ganz andere als bei einem sehenden und hörenden Hund. Ein Mensch, der diese Aufgabe übernimmt, sollte sich ihr bewusst stellen können – und nicht davon überrascht werden.

Achten Sie deshalb auch beim Kauf oder der Adoption eines Mischlings darauf, woher der Hund kommt. Es gibt viele Leute, die in solchen Mischlingswürfen, die sie in der Regel auch noch als etwas ganz Besonderes anpreisen (in letzter Zeit liest man immer häufiger von „Edelmischlingen"), den schnellen Euro sehen und mit der Vermehrung ihren Lebensunterhalt bestreiten oder aufbessern. Ungeachtet der Gesundheit der Eltern oder der artgerechten Haltung und Aufzucht der Welpen, was sich sehr negativ auf die gesundheitliche und psychische Entwicklung des Hundes auswirken kann.

Hier kann sich der günstigere Anschaffungspreis schnell wieder durch höhere Tierarzt- und Hundeschulkosten relativieren.

Sie haben keinen Anspruch an den Verkäufer, wenn Ihr Welpe/ Junghund/ erwachsener Hund erbliche Krankheiten haben sollte. Anders ist dies bei Züchtern, die in einem Zuchtverband züchten. Diese unterliegen einer gesetzlichen Gewährleistung (beschränkt auf zwei Jahre), was vor allem erbliche Defekte betrifft, die vermeidbar gewesen wären.

Hunde aus gut geführten Tierschutzvereinen sind in der Regel auf gesundheitliche Probleme untersucht und – soweit möglich – auch behandelt worden. Man kann Ihnen also sagen, ob und welche Krankheiten der Hund hat. Tierschutzvereine unterliegen der gesetzlichen Gewährleistung übrigens nicht, da sie die Hunde nicht gezüchtet haben.

Abgesehen von Gewährleistungspflicht und gesetzlichen Regelungen: Niemand wünscht sich, ein liebgewonnenes Lebewesen ständig krank und leidend zu sehen! Erkundigen Sie sich also vorher genau, damit Sie sich für ein gesundes Tier entscheiden – oder ganz bewusst für ein krankes, das Fürsorge, Pflege und Liebe braucht.

Hütehunde

Alle unsere Collieartigen sind vom Ursprung her als Herdengebrauchshunde gezüchtet worden. Zu ihnen zählen Hüte-, Treib-, Herdenschutz- und Koppelgebrauchshunde.

Überall auf der Welt wurden und werden Hunde gezüchtet, die den speziellen Bedingungen ihrer Umgebung (Landschaft, Klima, Art und Weise der Viehhaltung) züchterisch angepasst sind. Diese Anpassung war und ist immer im Wandel. So hat sich in Europa die Viehhaltung in den letzten 100 Jahren entscheidend von der Wanderschäferei zur Koppelhaltung verändert. Früher brauchte man Hunde, die große Herden über weite Entfernungen auf riesigen Flächen bewegen konnten; heute hingegen ist es wichtig, dass kleinere Herden Vieh auf engem Raum bewegt werden können, da Weideflächen eng eingegrenzt sind und die Wirtschaftsflächen links und rechts davon von den Schafen nicht betreten werden sollen. Bei der Wanderschäferei wurden robuste, dem Wind und Wetter trotzende, ausdauernde, kräftige Hunde gebraucht und bei der

Koppelhaltung eher kleinere, wendigere. Zudem wird heute seltener großes Vieh wie Rinder über weitere Strecken bewegt, sondern fast ausschließlich Schafe. Da in Nordeuropa die großen Raubtiere recht früh ausgerottet wurden oder ganz fehlten, brauchten die hiesigen Hütehunde die Herden nicht gegen Raubtiere zu verteidigen, wie es zum Beispiel die Aufgabe der Herdenschutzhunde in Ost- und Südeuropa ist, wo es bis heute Wölfe und Bären gibt. Seit die Wölfe auch wieder in Deutschland heimisch werden, werden auch hier wieder Herdenschutzhunde gebraucht, die mehr als 100 Jahre überflüssig waren; woran man sieht, dass der Wandel keineswegs abgeschlossen ist, sondern immer weiter geht.

Durch den Wandel der Viehhaltung wurden auch immer speziellere Hüte- und Treibhunde gebraucht. Das Arbeiten auf großen Flächen mit großen Herden verlangte von den Hunden mehr selbständiges Arbeiten, die Hunde mussten in der Lage sein, ein verloren gegangenes Vieh selbständig wieder zur Herde zurückzubringen. Hingegen kommt es bei der Koppelhaltung darauf an, Befehle des Schäfers möglichst schnell und genau auf engerem Raum auszuführen.

Wo liegen die Unterschiede bei den einzelnen Collieartigen?

Leider gibt es kaum genaue historische Aufzeichnungen, wozu die jeweiligen Rassen gezüchtet und verwendet und wie sie ausgebildet wurden. Vieles beruht auf mündlichen Überlieferungen oder Darstellungen auf alten Bildern und sehr viel Wissen ist leider verloren gegangen.

Es gibt viele Unterschiede zwischen den einzelnen Rassen in der Art und Weise, wie sie hüten, die aber letztendlich alle zum selben Ergebnis führen, nämlich dass sich das Vieh mit Hilfe der Hunde dorthin bewegt, wo der Viehhalter es hin haben möchte.

Diese Unterschiede in der Art zu hüten sind oftmals von den Vorlieben der Hirten abhängig gewesen, so dass sich in denselben Regionen auch unterschiedliche Herdengebrauchshunde entwickelt haben. Die Veranlagung zum Hüten wird erblich weitergegeben, es bedarf aber einer soliden Ausbildung, um diese ererbten Fähigkeiten lenken und entsprechend einsetzen zu können. Ohne eine fundierte Ausbildung können ererbte Eigenschaften zum Problem werden, vor allem wenn ein Hütehund als Familienhund gehalten wird. Alle Hütehunde verfügen zum Beispiel über den so genannten „Griff", ein Zwicken in Flanken und Beine des Viehs, um sich Respekt zu verschaffen. Dieser „Griff" kann im Alltag eines Familienhundes zum Problem werden, wenn er unkontrolliert, zum Beispiel an rennenden Kindern, angewendet wird. Sehr oft wird diese ererbte Eigenschaft auch fälschlicherweise als Beißen ausgelegt. Hunde, die an Schafen arbeiten, lernen in ihrer Grundausbildung den „Griff" immer so anzuwenden, dass das Vieh nicht verletzt wird, sie lernen also, ihren Fang sehr klar dosiert einzusetzen.

Der Langhaar Collie ist ein Allrounder, er wurde nicht nur als Hütehund, sondern auch als typischer Bauernhofhund gehalten, der eingesetzt wurde, um eine Herde von einer Weide zur nächsten oder zum Melken in den Stall zu treiben, verloren gegangenes Vieh zu suchen und wieder zur Herde zurückzutreiben, ebenso aber um Haus und Hof zu bewachen. Es gibt sogar Berichte, aus denen hervorgeht, dass er auch zum Hüten und Bewachen von kleinen Kindern auf den Höfen eingesetzt wurde. Kurzum, der LHC fand seine Aufgabe da, wo gerade „Not am Hund" war.

Er beeindruckt das Vieh durch seine aufrechte Haltung, seine Größe und dadurch, dass er notfalls den nicht willigen Tieren der Herde durch Rempeln, Sperren und Schnappen klarmacht, wo es lang zu gehen hat. Es sind Hunde, die eng am Vieh arbeiten, allerdings ohne einzelne Tiere zu fixieren. Ihr Gewicht liegt auf der ganzen Viehherde, nicht auf einzelnen Tieren und so können sie auch große Herden bewegen. Ihre Art zu hüten ist wohl mit der des Deutschen Schäferhundes zu vergleichen.

All diese Aufgaben erforderten einen sehr intelligenten Hund, der sich schnell auf neue Situationen einstellen kann und der sehr aufmerksam ist, eine Portion Wachsamkeit mitbringt ohne Schutztrieb zu haben und ohne das Vieh durch Bisse zu schädigen. Gebraucht wurde sowohl ein Hund mit einer gewissen Selbständigkeit als auch einer, der leicht zu führen und ohne großen Aufwand auszubilden ist.

Der Kurzhaar Collie war von je her selten und hat lange kaum Beachtung gefunden, daher gibt es über ihn auch kaum Informationen. Er wurde überwiegend als Treibhund eingesetzt, um Vieh über längere Strecken, zum Beispiel zum Metzger, zu treiben. Vermutlich waren seine Aufgabengebiete ähnlich denen des Langhaar Collies und des Shelties.

Der Sheltie hatte im Grunde dieselben Aufgaben wie der LHC, auch er war ein Bauernhofhund. Er ist von seiner Größe, wie schon beschrieben, an die rauen, kargen Bedingungen seiner Heimat, den Shetland Inseln, angepasst. Der Sheltie ist ein mutiger, entschlossener kleiner Hütehund, der sich durchaus durchsetzen kann. Mit unseren teilweise sehr großen Mitteleuropäischen Schafen hat er manchmal ein Durchsetzungsproblem, weil die Schafe oftmals etwas brauchen, bis sie ihn ernst nehmen. Er tut sich mit kleinerem Vieh, wie es in seiner Heimat vorkommt, leichter.

Der Bearded Collie ist eine sehr alte Hüte- und Treibhundrasse aus dem Schottischen Hochland. Dort wurde Vieh auf riesigen Flächen gehalten, das sich dann in kleinen Grüppchen auf der Fläche verteilte. Die Schafe waren in der Regel halb wild. Seine

Aufgabe bestand u.a. darin, verloren gegangenes Vieh zu suchen, zurückzubringen oder bellend anzuzeigen, falls es sich nicht mehr selbst befreien konnte, weil es in einer Spalte fest saß oder sich verstiegen hatte. Er musste die Schafe aus weiter Distanz von den Berghängen herab treiben, was wohl meist begleitet von lautem Gebell geschah. Der Beardie half die Viehherden über weite Distanzen vom Land in die Stadt zum Schlachter oder Markt zu treiben. Er zeigte auch Gefahren durch Beutegreifer, wie zum Beispiel Wölfe, durch Bellen an.

Diese Aufgaben erforderten einen selbständig denkenden und handelnden Hund, der sehr schnell, wendig und ausdauernd war. Sein ausdauerndes Gebell war zum einen für den Schäfer ein Zeichen, wo sich sein Hund befand, wenn er ihn nicht mehr sehen konnte, und zum anderen beeindruckte er damit die Schafe und deren Feinde.

Der Border Collie ist ein Spezialist unter den Britischen Hütehunden, dessen Talente mit dem Übergang von der Weide- zur Koppelhaltung und den kleineren Viehherden so richtig zur Geltung kamen. Er befolgt Anweisungen sehr schnell und sehr genau, ist wendig und kann daher auf engstem Raum arbeiten, aber auch in sehr großem Abstand zur Herde, um diese weniger zu beunruhigen. Er ist der einzige der Britischen Hütehunde, der das Vieh über „das Auge" hütet. Er erstarrt vor den Tieren, nimmt eine leicht nach vorn abgeduckte Haltung ein (wie ein sich anschleichendes Raubtier) und fixiert diese, wodurch er sie in die Richtung bewegt, die ihm der Schäfer vorgibt. Er kann sich aber notfalls auch über das In-die-Luft-Schnappen oder den „Griff" durchsetzen.

Da er über das Fixieren einzelner Tiere arbeitet, tut er sich mit kleineren Herden leichter. Bei größeren Herden sind mehrere Hunde von Vorteil. Er kann beim Hüten die Augen kaum von den Schafen wenden, ist bei der Arbeit absolut in seinem Element und nimmt die Umwelt um sich herum kaum noch wahr.

Ein guter Hütehund braucht neben den oben aufgeführten Grundvoraussetzungen wie Wesensstärke und Gelassenheit eine sehr schnelle Auffassungsgabe und die Bereitschaft, eng mit dem Schäfer/Bauern zusammenzuarbeiten. Vieh hüten ist, egal unter welchen Voraussetzungen, immer Teamwork, in dem beide, Hund wie Schäfer, aktiv an der Aufgabenstellung arbeiten. Der Schäfer muss sich auf seinen Hund verlassen können, genauso wie umgekehrt. Laufend falsche oder für den Hund unsinnige

Anweisungen würden dazu führen, dass der Hund die Sache selber in die Hand nimmt oder die Arbeit verweigert. Der Hund ist in diesem Fall Partner und nicht reiner Befehlsempfänger. Diese Tatsache wird später bedeutend, wenn es um die artgerechte Beschäftigung von Hütehunden als Familienhund geht.

Hütehunde heute

Bis vor gut 100 Jahren wurden Hütehunde ausschließlich auf ihre nützlichen Eigenschaften zum Hüten selektiert und nicht auf Aussehen oder Farbe. Damit begann man erst, als sie in Mode kamen, sich Königshäuser mit ihrer eleganten Erscheinung schmückten und im Zuge der Hundeausstellungen Rassestandards eingeführt wurden, die auch und vor allem die Optik festlegten. Diese Standards sind nicht unbedingt zum Vorteil der Hunde, denn der ganze Hund mit all seinen Eigenschaften wird in einen engen optischen Rahmen gepresst.

Die Vererbung von optischen, psychischen und physischen Eigenschaften kann nicht getrennt betrachtet werden, da diese miteinander verbunden sind. Bei einer Zucht auf optische Merkmale, die ein einheitliches Rassebild hervorrufen sollen, geht mit der Selektion gewisser optischer Merkmale gleichzeitig immer ein Teil anderer Eigenschaften verloren, die die Hunde seit Jahrhunderten ausmachen, was wiederum zu unerwünschten Wesensveränderungen wie überängstlichem Verhalten, erniedrigter Reizschwelle oder dem Verlust der Arbeitseigenschaften führen kann. Der Vererbungsvorgang ist hoch komplex und beschränkt sich nicht auf die Farbe allein. Jedes Verstärken eines Merkmals hat auf lange Sicht immer auch Auswirkungen an anderer Stelle.

Die Schläge der Altdeutschen Hütehunde wie Stumper, Strobel, Schwarzer, Schafpudel usw. sind ein gutes Beispiel hierfür. Sie sehen noch heute aus wie Mischlinge und sind nicht unbedingt auf den ersten Blick ihrer Rasse zuzuordnen. Hier steht die

Arbeitsleistung im Vordergrund. Würde man bei ihnen nun auf einheitliches Aussehen züchten, würde sich die Arbeitsleistung unweigerlich verändern.

Die Schäfer haben früher die Hunde verpaart, die sich in der Arbeit bewährt haben, diese Tiere waren fertig entwickelt und ausgebildet. So konnte man kranke, schwache, ängstliche Hunde und solche, die nicht zur Arbeit taugten, aussortieren. Die meisten Hütehunde brauchen gut drei Jahre, bis sie fertig entwickelt sind und ihr Wesen vollends ausgereift ist. Heute werden sie aber schon mit gut einem Jahr zur Zucht zugelassen und gehen ab einem Alter von 15 Monaten zum Decken, in manchen Zuchtverbänden sogar noch früher. Zu diesem Zeitpunkt stecken sie also noch mitten in der Entwicklung und Erbkrankheiten, gesundheitliche und psychische Probleme zeigen sich oftmals erst später – der Hund gibt sie also unerkannt weiter, und wenn sie zu Tage treten, ist es oft schon zu spät.

Gesundheitswerte von Vorfahren werden heute nur noch bedingt in die Zucht mit einbezogen, da die Eltern der zukünftigen Zuchthunde teilweise selber noch nicht richtig erwachsen sind und somit später auftretende Krankheiten keinerlei Einfluss auf eine Zuchtzulassung haben. Champions auf Ausstellungen sind nun mal eine rein optische Angelegenheit, die Modetrends unterworfen sind – wie man am Langhaar Collie mehr als deutlich sehen kann.

Je enger optische Standards gesetzt werden, desto mehr wird zuerst auf die Optik geschaut, denn das ist es, was man vorrangig sieht bzw. sehen will. Wesen und Gesundheit sind nicht unbedingt sichtbar und in wenigen Minuten im Showring nur sehr schwer bis gar nicht zu beurteilen. Im schlimmsten

Fall werden Defizite in diesem Bereich aus wirtschaftlichen Interessen nicht berücksichtigt, obwohl sie deutlich erkennbar sind.

Wir werden die Zucht nicht mehr umkehren können (zumal auch kaum noch jemand einen wirklichen Arbeitshund auslasten kann und will) und müssen deshalb wohl oder übel Abstriche am Wesen und der Gesundheit sowie den Verlust der Arbeitsleistungen in Kauf nehmen. Um solche Probleme zu minimieren, wäre es wünschenswert, die Hunde nicht nur körperlich, sondern auch geistig erwachsen werden zu lassen, bevor sie in die Zucht gehen, auch wenn das heißt, dass sie weniger Würfe in ihrem Leben haben werden. Außerdem wäre es wichtig, ehrlich und konsequent Hunde aus der Zucht zu nehmen, die Wesensfehler aufzeigen. Wir neigen heute leider dazu, so etwas ganz schnell als Rasseeigenschaft abzutun und einfach so hinzunehmen. Wie oft liest man zum Beispiel in Anzeigen von Collies, dass der Hund rassetypisch nicht auf glatten Böden laufen kann. Das ist nicht rassetypisch! Das ist ein verbreitetes Problem, das man nicht hinnehmen und über dessen Ursache man sich Gedanken machen sollte.

In anderen Ländern und bei anderen Rassen gibt es speziell auf die Rassen abgestimmte Wesenstests oder Arbeitsnachweise für die Zuchtzulassung, die zum Ziel haben, Hunde mit Wesensschwächen nicht weiter zu verpaaren.

Die Rassen, die noch lange als Gebrauchshunde gezüchtet wurden, erkennt man heute noch an einem oftmals sehr weit gesteckten Rassestandard, wie zum Beispiel beim Border Collie, bei dem die Größe nicht eng definiert ist, die Ohren stehen oder kippen dürfen und eine Vielfalt an Farben

und Fellzeichnungen möglich ist. Innerhalb solcher Standards ist es leichter, auch auf Wesen und Gesundheit zu achten – und trotzdem erkennt man einen Border Collie immer noch als Border Collie. Obwohl die meisten der Collieartigen schon sehr lange als reine Show- und Begleithunde gezüchtet werden, tauchen immer wieder Hunde auf, die über einen ausgeprägten Hütetrieb verfügen, der manchmal auch gänzlich fehlgeleitet ist und den Haltern dadurch mehr oder weniger Schwierigkeiten bereitet. Diese oftmals versteckten Fähigkeiten kann man auch ganz unbeabsichtigt wecken. So ist es mir selber passiert. Gut vier Jahre hat meine zweite Colliehündin keine großartigen Anlagen zum Hüten gezeigt; wohl hat sie streitende Hunde gesplittet, aber sie hat diese Verhaltensweisen nicht zum Hüten eingesetzt. Bis zu dem Tag, an dem sie lustig um meine Nichte auf dem Tretrad rumhüpfte und sich keiner was dabei dachte. Seitdem hütete sie alle sich langsam drehenden Räder, egal, ob von einer Sackkarre, einem geschobenen Fahrrad oder einem Kinderwagen. Zum Glück weckten sich

schnell drehende Räder diesen Trieb nicht und sie war dabei auch immer abrufbar und kontrollierbar, so dass das kein großes Problem darstellte. Aber man musste von da an immer ein Auge auf die Umgebung haben und eventuell vorbeikommende Kinderwägen oder Leute, die ihre Räder schoben, vor dem Hund sehen. Denn kaum eine Mutter findet es lustig, wenn ein fremder Hund meint, die Räder des Kinderwagens hüten zu müssen. Zum Problem wird so ein unbeabsichtigtes Wachrütteln unterschwellig vorhandener Fähigkeiten, wenn der Hund nicht richtig erzogen und dann plötzlich nicht mehr kontrollierbar ist.

Unsere Hütehunde stecken teilweise in dem Dilemma, dass sie einerseits nur noch Begleithunde sind, andererseits aber immer wieder ihr ursprüngliches Wesen durchbricht. In einigen Fällen kann man sicherlich von gespaltenen Persönlichkeiten sprechen (bei einigen Rassen stärker, bei anderen weniger stark ausgeprägt), was sich in völlig unsinnigen Hüteanwandlungen wie dem Hüten von Gegenständen zeigt, die sich bewegen. Vielleicht ist hier auch eine der Ursachen (neben dem Verlust der Wesensstärke, der Gelassenheit und falscher Beschäftigung) für die zunehmenden Probleme zu suchen, die in den letzten Jahren mit Hütehunden entstanden sind.

Es gibt mittlerweile auch viele Hütehunde, die eigentlich nichts mehr mit ihrem Ursprung als Arbeitshund gemein haben. Immer wieder fallen auch Hunde auf, die weit entfernt von ihren intelligenten Vorfahren sind, die auch mit langweiligen Spaziergängen zufrieden sind und eigentlich überhaupt keine Ansprüche mehr an geistige Beschäftigung stellen – solche Hunde sind zwar bequem, es fragt sich aber, ob sie wirklich das neue Zuchtziel sein sollen?!

Artgerechte Beschäftigung?!

Grundsätzliches vorweg

Hunde sind intelligente Lebewesen, die spezielle Fähigkeiten haben, die wir fördern sollten, denn schließlich wollen wir keine geistig verblödeten Individuen unser Eigen nennen, die mit einer Art Kaspar-Hauser-Syndrom neben uns her schleichen. Bei den wild lebenden Hundeartigen zählt neben der Aufzucht von Nachkommen in erster Linie die Nahrungsbeschaffung zu den Hauptaufgaben. Beide Aufgaben fallen in der Regel in der Obhut des Menschen weg, weshalb der Hund neue Aufgaben braucht.

Der Mensch hat sich gewisse Teile der natürlichen Fähigkeiten der Hunde zu Nutzen gemacht und dafür andere züchterisch unterdrückt. Beim Hütehund wurden die Fähigkeit zum Teamwork, das Aufspüren und Treiben von anderen Tieren und zu einem gewissen Anteil die Wachsamkeit gefördert. Dafür fehlt ihnen in der Regel die Sequenz des Packens und Tötens der gestellten Tiere. Hütehunde sind sogar darauf selektiert worden, das Vieh nicht zu verletzen, da dies ja einen kostbaren Besitz darstellte.

Für die Arbeit im Team ist eine hohe soziale Fähigkeit erforderlich, ebenso wie eine hohe Intelligenz, da das Rudel sich abstimmen muss, wer welche Aufgabe bei der Jagd übernimmt. Besonders die Fähigkeit, eng mit dem Menschen zusammenzuarbeiten, seinen Anweisungen zu folgen, dabei aber auch selbständig zu handeln und selber zur Lösung der Aufgabe beizutragen, zeichnet einen guten Hütehund aus. Der Hütehund ist somit von seinen Anlagen her kein reiner Befehlsempfänger, wozu ihn manche Menschen aber gerne degradieren.

Geistige Förderung trägt viel zum Selbstbewusstsein und zur mentalen Entwicklung der Hunde bei, weshalb man frühzeitig mit ihr beginnen sollte; allerdings dem Alter entsprechend und den Hund dabei nicht überfordernd, denn manchmal ist weniger auch mehr. Natürlich kann man in jedem Alter damit anfangen, auch wenn man einen erwachsenen Hund aus dem Tierschutz übernimmt. Hunde lernen wie Menschen lebenslang, aber meistens lernen die Hunde, die es von Welpenbeinen an gewöhnt sind, schneller und leichter als die, die viele Jahre nicht gefordert wurden. Letztere brauchen mehr Zeit und mehrere Wiederholungen, ehe sich das Gelernte fest verankert. Aber auch sie lernen, verstehen letztendlich, was von ihnen erwartet wird und sind dann mit Begeisterung bei der Sache. Vorausgesetzt, es handelt sich um die richtige Beschäftigung.

Ein Hund, der geistig gefordert wird, ist anschließend auch ausgeglichen und kommt nicht auf dumme Gedanken in der Wohnung oder sucht sich selber eine Beschäftigung (wie zum Beispiel Gegenstände zu zerstören), was selten zu unserer Freude beiträgt und zu sehr problematischem Verhalten führen kann, das sich im schlimmsten Fall verfestigt. Manche Hundehalter wundern sich, wenn sie zwei Stunden mit dem Hund spazieren gegangen sind, nach Hause kommen und der Hund fragt: „Und was machen wir jetzt?!" Einfach nur durch die Gegend zu laufen, ist mal völlig in Ordnung und hilft auch dabei, die Hunde nicht in Dauerstress zu versetzen und nach Anstrengungen „runterzufahren" – aber es beinhaltet eben keine geistige Auslastung.

Nun gibt es von Rasse zu Rasse und auch innerhalb dieser Unterschiede, wie viel man mit seinem Hund unternehmen sollte. Hier ist es wie überall im Leben, die goldene Mitte ist das, was angestrebt wird, denn eine Unterforderung ist ebenso ungesund wie eine Überforderung. Leider findet man beide Extreme sehr häufig bei Hütehunden, weil die Halter entweder gar nichts mit ihnen machen oder viel zu viel. Unter- wie Überforderung können sich sowohl in gesundheitlichen Problemen wie auch in Verhaltensauffälligkeiten zeigen. Dauerstress zum Beispiel führt bei Hunden ebenso zu Erkrankungen wie beim Menschen.

Es gibt kein Patentrezept, das genau erklärt, wie viel Bewegung und Beschäftigung welcher Hund welcher Rasse täglich braucht, denn Hunde sind Individuen und man muss mit jedem einzelnen erarbeiten, wo seine Grenzen liegen.

Ein Beweggrund mit seinem Hund zu arbeiten, ist bei manchen Menschen nicht nur der Wunsch, ihn artgerecht zu beschäftigen und gemeinsam etwas zu erleben, sondern auch ihr Ehrgeiz und ihr Drang nach gesellschaftlicher Anerkennung, die sie auf anderem Wege oftmals nicht erreichen. Hier besteht die große Gefahr, dass der Hund nicht Freizeitpartner, sondern (evtl. auch unbewusst) Mittel zum Zweck wird. Dieser falsche Ehrgeiz tritt besonders häufig bei Hundesportveranstaltungen zu Tage und man kann leicht erkennen, dass die Leidtragenden immer die Hunde sind. Oftmals geht dieser Ehrgeiz sogar auf Kosten ihrer Gesundheit, dazu später mehr.

Fragt man die Hundehalter, die an Wettkämpfen teilnehmen, nach ihrer Motivation, dies zu tun, bekommt man sehr oft zur Antwort, der Hund hätte Spaß daran und wolle das unbedingt machen. Nun, untersuchen wir dieses Statement doch einmal genauer: Hunde kennen untereinander keinen sportlichen Wettkampf und er bedeutet ihnen somit gar nichts. Sie merken allerdings, dass er dem Menschen wichtig ist und bemühen sich daher, das zu tun, was von ihnen erwartet und letztendlich auch gefordert wird, weil sie gefallen wollen und das Arbeiten im Team/ Rudel zu ihrem ureigensten Instinkt zählt. Eventuell auch, weil sie schon erfahren haben, was passiert, wenn sie die Erwartungen des Halters nicht erfüllen... Hundesport kann Hunden Spaß machen, wenn er ohne Ehrgeiz, Druck und Verbissenheit ausgeführt wird. Leider ist dies aber oft nicht der Fall.

Stellen Sie sich mal ein paar Stunden mit offenen Augen an den Rand einer Hundesportveranstaltung (vornehmlich bei Agilityturnieren) und beobachten Sie die Mensch-Hund-Teams. Sie werden sofort verstehen, was gemeint ist. Da werden Hunde grob in die Ausgangsposition gedrückt und körperlich und verbal bedroht, wenn sie vor lauter Aufregung nicht sitzen bleiben können. Im Wettkampf werden dann Dinge von den Hunden verlangt, die eindeutig körperlich bedenklich sind, wie zum Beispiel extreme

Verdrehungen bei Höchstgeschwindigkeit, zu häufige und/ oder zu hohe Sprünge usw. Oftmals überträgt sich der Stress vom Halter auf den Hund, der dann unkonzentriert und unkontrolliert kläffend seine Aufgaben absolviert. Hierbei kommt es dann nicht selten zu Stürzen oder Beinahestürzen, zu Fehlern (wobei die Fehler immer vom Menschen ausgehen, der keine eindeutigen Anweisungen gibt oder den Hund zu hoch powert), die wiederum viele Halter dazu veranlassen, ihren Frust ungehemmt am Hund auszulassen. Da wird übel an der Leine geruckt, mentaler Druck ausgeübt, Stress ohne Ende erzeugt, bis der Hund bei all dem Trubel gar nicht mehr versteht, ja verstehen kann, was von ihm erwartet wird. Häufig wird er völlig instrumentalisiert für die Zwecke des Halters, was man daran erkennt, dass er eigentlich nur noch am Start und während des Laufs beachtet wird und/ oder nur noch dann Zuwendung erhält, wenn diese der Vorbereitung zum Wettkampf dient.

Das alles führt dann dazu, dass nicht nur der Halter gefrustet ist, sondern auch der Hund, vor allem wenn nicht die erträumten Ergebnisse erzielt werden. Dazu kommt das stunden- oder sogar tagelange Warten im Auto, das nur dann unterbrochen wird, wenn der Hund mal kurz aus der Box geholt wird, damit er sich lösen kann. Ansonsten verlässt er diese Box (auch bei Hitze oder Kälte!) nur, wenn er endlich dran ist – und dann wird er oftmals noch nicht einmal vernünftig aufgewärmt, bevor es losgeht.

Andere ebenso unachtsame Hundehalter lassen ihre Hunde sogar am Wettkampfplatz abliegen, wo sie sich immens in Aufregung reinsteigern, wenn ihre Artgenossen am Start sind. Zusätzlich laufen Menschenmassen an ihnen vorbei, es ist laut und jeder Versuch, sich durch ein wenig Herumlaufen abzureagieren wird von Herrchen oder Frauchen mit einem erneuten „Platz!“ quittiert. Den Hunden bleibt nichts anderes mehr übrig, als ihren Frust durch ständiges Beißen in Spielzeuge oder Schütteln der Leine loszuwerden. Hält man sich dieses Szenario vor Augen, wird schnell klar, dass sie unter tagelangem Dauerstress stehen, was ihren Haltern aber oft gar nicht bewusst ist. Ebenso wie sie in der Regel nicht wissen, zu welchen Problemen das führen kann.

Ich stelle mir dabei immer wieder die Frage, ob es das wirklich wert ist, dass wir zur Befriedigung unseres eigenen Ehrgeizes, unseres Egos und Selbstwertgefühles (nichts anderes ist leistungsbezogener

Hundesport) ein uns anvertrautes und auf uns angewiesenes Lebewesen, das eigentlich unseren Schutz braucht, verheizen, seine Gesundheit auf's Spiel setzen und sein Vertrauen missbrauchen?! Hundehalter, die Wettkämpfe nur zu ihrem eigenen und dem Spaß ihrer Hunde betreiben und einen Parcours entsprechend langsam bewältigen, werden von den Zuschauern verhöhnt und ausgelacht; das habe ich leider selber mehrfach miterlebt.

Viele, und natürlich vor allem Hundesportler, werden jetzt einwenden, das sei alles maßlos übertrieben, vor allem, was die Gesundheit anbelangt. Aber haben Sie mal genau hingesehen, welchen körperlichen Beanspruchungen ein Hund bei manchen Wettkämpfen, vor allem bei denen es um Geschwindigkeit geht, ausgesetzt ist?! Oftmals sieht man sie auf den ersten Blick gar nicht, weil die Bewegungen so unglaublich schnell ausgeführt werden. Aber einer Kamera entgehen sie nicht und ich denke, die nachfolgenden Fotos sind eindeutig. Es sind keine

Einzelaufnahmen, vor allem beim Agility und Flyball kann man solche Bilder bei der Mehrheit der Hunde bei fast jedem Lauf machen. Bei einigen Hunden leider sogar schon beim einfachen Gehen. Bisher haben Sie in diesem Kapitel die Bilder gesehen, die man kennt und die zum Beispiel Agility zu seiner Beliebtheit verholfen haben, jetzt kommen die, die man nur sieht, wenn man es will.

Extreme Verdrehungen des Rückrates.

Das Karpalgelenk ist ein Scharniergelenk, das sich normalerweise nur nach hinten klappen lässt. Nun denke man darüber nach, wie viel Gewicht auf den Pfoten gelastet hat, dass dieses Gelenk so ausleiert, dass es sich nach vorne klappen lässt?! Selten vorkommende Überbeanspruchungen richten keinen dauerhaften Schaden an und kommen auch im Spiel unter Hunden vor; aber bei Hunden, die im Hundesport geführt werden, ist dies regelmäßig, bei jedem Training, bei jedem Wettkampf, bei jedem Sprung, bei jeder Wende und das über Jahre und bereits im ganz jungen Alter der Fall. Gespräche mit Tierärzten, Physiotherapeuten und Chiropraktikern haben bestätigt, dass solche Verdrehungen und Überdehnungen Spätfolgen wie schwere Arthrose, Deformation der Gelenke und Wirbelsäulenschäden zur Folge haben, zusätzlich Bänder ihre Belastbarkeit verlieren und viele weitere Probleme auftreten. Und hier noch einmal die Frage: Ist die Befriedigung unseres Ehrgeizes das wert?!

Extreme Belastungen auf den Pfoten.

Sollte Sport und Beschäftigung mit dem Hund nicht eher dazu beitragen, die Gesundheit zu fördern und gemeinsam Spaß zu haben?! Kann man Sport nicht auch ohne Wettkampf einfach „just for fun“ austragen?! Man kann! Und viele machen das auch, wenn auch manchmal die Motivation dazu erst durch schlechte Erfahrungen entstanden ist. Das heißt im Übrigen nicht, dass man das dann alleine irgendwo im stillen Kämmerlein betreiben muss. Auch Sport zum Spaß kann man in der Gruppe gemeinsam

Karpalgelenke so durchtrittig, dass man sie für Fersengelenke halten könnte.

machen. Inzwischen gibt es viele Möglichkeiten, sich mit Gleichgesinnten zum gemeinsamen Training zu treffen – ohne Leistungsdruck, ohne Sieger und Verlierer.

Manche Hütehunde neigen in ihrem Arbeitseifer dazu, zum Workaholic zu werden. Je höher man den Stresslevel eines Hundes fährt, desto mehr wird er diesen selbst einfordern. Das klingt paradox, ist aber so, da die bei starkem Stress ausgeschütteten Hormone süchtig machen. Es ist im Grunde wie der Genuss von Drogen, ab einem gewissen Punkt kommt die Abhängigkeit, oder um es mit Johann Wolfgang von Goethes „Der Zauberlehrling“ zu sagen: „Herr, die Not ist groß! Die ich rief, die Geister, werd’ ich nun nicht los.“ Deshalb ist es wichtig, vor allem mit jungen Hunden nicht zu viel zu unternehmen. Man hat noch viele schöne Jahre vor sich und kann diese gut nutzen, wenn der Hund durch eine vernünftig geplante Welpen- und Junghundezeit mit ausreichend vielen Ruhephasen genug Stressresistenzen aufgebaut hat und körperlich ausgereift ist.

Für viele Hundesportarten ist ein guter Grundgehorsam notwendige Voraussetzung. Man muss in der Lage sein, den Hund zurückzunehmen, wenn die Situation es erfordert. Bei einem Hund ohne guten Grundgehorsam besteht die Gefahr, dass man bei einigen Sportarten Fähigkeiten fördert, die dazu führen können, dass der Hund nicht mehr kontrollierbar ist. Dieses betrifft vor allem die Sportarten, bei denen instinktive Verhaltensweisen wie der Hetz- oder Hütetrieb geweckt werden, wie zum Beispiel Flyball oder einige Formen der Nasenarbeit. Insgesamt sollte man sich überlegen, ob sie überhaupt sinnvoll auszuüben sind, oder ob man nicht lieber eine andere Beschäftigungsart wählt.

Verdrehung der Wirbelsäule im Sprung.

Aufgrund des Tempos an der A-Wand abgerutscht.

Was ist denn eigentlich artgerecht?!

Wie oben erläutert, sind Hütehunde ursprünglich darauf selektiert worden, gemeinsam mit dem Schäfer das Vieh zu hüten und zu treiben und dabei teilweise auch sehr selbständig und auf große Entfernung zum Schäfer zu arbeiten, wozu auch das Aufspüren von verloren gegangenem Vieh zählt. Für unseren Alltag mit einem Hütehund und für seine artgerechte Beschäftigung heißt das, dass die Aufgaben, die wir ihm geben, idealerweise den erblichen Anlagen eines Hütehundes entsprechen. Hierzu zählen das gemeinsame Erarbeiten einer Aufgabe, was definitiv nicht bedeutet, dass der Hundehalter Befehle gibt, die der Hund auszuführen hat. Es geht vielmehr darum, dass der Hund auch selbst eine geistige Leistung und den Einsatz seiner natürlichen Fähigkeiten einbringen darf, um zur Lösung beizutragen. Dabei muss sich der Halter auf die Fähigkeiten seines Hundes einlassen und verlassen. Gegenseitiges Vertrauen – eben Teamwork – ist wichtiger Bestandteil einer artgerechten Beschäftigung, was aber nicht bedeutet, dass jede einzelne Beschäftigung alle diese Voraussetzungen erfüllen muss. Aber es sollte darauf geachtet werden, dass die Hunde ihren Fähigkeiten entsprechend gefördert und nicht zu Sportgeräten und Befehlsempfängern degradiert werden.

Hundesportarten und andere Beschäftigungen

Die gängigen Hundesportarten kann man in mehrere Übergruppen unterteilen: Unterordnung, Nasenarbeit, Hütearbeit und Beschäftigungsspiele, wobei man das eine nicht immer genau vom anderen trennen kann, da sich oftmals mehrere Gruppen in einer Sportart vereinen. Hier möchte ich Ihnen die am häufigsten ausgeführten Hundesportarten und andere Möglichkeiten, einen Hütehund zu beschäftigen, im kurzen Überblick vorstellen, dabei aber auch gleich anmerken, dass immer wieder neue Arten der Beschäftigung auf den Markt kommen; diese Übersicht also keinen Anspruch auf Vollständigkeit erhebt. Wenn Ihnen Sportarten für Ihren Hund vorgeschlagen werden, sollten Sie diese prüfen und auch kritisch betrachten, denn manches schadet mehr, als dass es nützt.

Agility

Agility bedeutet übersetzt Wendigkeit, Flinkheit. Hier geht es darum, eine Hindernisstrecke möglichst schnell und fehlerfrei zu bewältigen. Da es hier wirklich um eine sehr hohe Geschwindigkeit geht, ist das nur etwas für jüngere, absolut gesunde und nicht zu schwere Hunde! Auch an den Halter werden gewisse körperliche Anforderungen gestellt, da er ja mitlaufen muss.

Es wird in der Regel in drei verschiedenen Größengruppen gestartet (die Hindernishöhe wird der Größe der Hunde angepasst) und in drei Leistungsgruppen. Ebenfalls wird meistens ein Jumping veranstaltet, bei dem es keine Kontaktzonenhindernisse wie Wippe und Steg gibt.

Das Verletzungsrisiko ist für den Hund sehr hoch. Vor allem die Spätfolgen durch extreme Fehlbelastung (vergl. im vorherigen Kapitel) dürfen nicht unterschätzt werden. Agility ist auch für den Halter nicht ganz ungefährlich, da er zum Beispiel über Teile der Geräte stolpern kann oder sich beim Laufen (vor allem, wenn er nicht richtig aufgewärmt ist) verletzen kann.

Beim Agility kann man sehr häufig völlig überdrehte Hunde sehen, die derart ins Dauerkläffen (Übersprungshandlung, Stress-Symptom) verfallen, dass sie sich nicht mehr konzentrieren können, unter sehr hohem Stress stehen und letztlich nicht mehr richtig zu lenken sind. Das wird oftmals (un-) bewusst von den Haltern gefördert, weil diese ebenfalls sehr hektisch sind und sich selbst und den Hund unter starken Leistungsdruck setzen. Selten sieht man bei den kleineren Vereinsturnieren Hundehalter, die in der Lage sind, ihren Hund ruhig und souverän durch einen Parcours zu führen.

Neben dem nicht geringen Verletzungsrisiko, den Spätfolgen, dem Stress und dem Leistungsdruck ist Agility aus Sicht der artgerechten Beschäftigung von Hütehunden nicht sonderlich geeignet, zumindest nicht als alleinige Beschäftigung. Es beinhaltet, außer während der relativ kurzen Phase des Erlernens der Hindernisse, kein Teamwork im Sinne des gemeinsamen Erarbeitens, da der Halter im Wettkampf vorgibt, wo es langgeht und der Hund zu folgen hat, der Hund also reiner Befehlsempfänger ist. Eigene Vorschläge des Hundes, wie der Parcours schneller oder einfach anders zu bewältigen wäre, führen zur Disqualifikation und damit nicht gerade zur Begeisterung der Halter.

Mobility

Mobility = Mobilität, hat sehr viel Ähnlichkeit mit dem Agility, unterscheidet sich aber in einem entscheidenden Punkt: Es fehlt die Geschwindigkeit und der Leistungsdruck. ☺

Beim Mobility wird ebenfalls eine Hindernisstrecke durchlaufen, die aber auch andere Elemente enthält als beim Agility, wie zum Beispiel Schubkarre fahren, in Ballkisten hüpfen usw. Was beim Agility zu hämischen Bemerkungen der Zuschauer führt, ist hier selbstverständlich: die Geschwindigkeit der Gesundheit des Hundes unterzuordnen. Der Parcours wird nur so schnell bewältigt, wie jedes Gespann dazu in der Lage ist, ohne die Gesundheit der Hunde (und des Halters) zu gefährden. Hier ist der Weg das Ziel.

Der Sinn besteht darin, wie das Wort schon sagt, die Mobilität des Hundes zu fördern. Zusätzlich wird an der Vertrauensbildung gearbeitet, weil sich der Hund in gewissen Situationen, wie zum Beispiel dem Schubkarre-Fahren, voll auf seinen Halter verlassen muss. Anders als beim Agility, bei dem es eine festgelegte Zahl und Art von Hindernissen gibt, sind hier immer wieder neue Geräte möglich und der Phantasie der Hundehalter werden keine Grenzen gesetzt, so dass es nie langweilig wird.

Mobility kann man mit ganz jungen, älteren, leichten und schwereren Hunden betreiben, sogar mit Hunden mit gewissen Handicaps, da man Hindernisse auslassen kann, die der eigene Hund nicht, nicht mehr oder noch nicht bewältigen kann. Die Verletzungsgefahr ist natürlich auch hier gegeben, aber wesentlich geringer als beim Agility, weil die Geschwindigkeit und Hektik fehlen.

Durch immer neue Hindernisse erhält sich auch der Lernprozess und somit eine gewisse geistige Anforderung. Zudem kann es zu einer Vorbereitung auf mögliche Alltagssituationen beitragen, da man auch unebene Bodenbeläge, wehende Stoffe und vieles mehr als Hindernis einbauen kann. Mobility fördert durch das (gemeinsame) Bewältigen von unbekannten Situationen das Selbstvertrauen der Hunde.

Aber auch Mobility ist kein vollkommen idealer Hundesport, denn es fehlt der Aspekt, dass sich der Mensch zum Erreichen des Erfolgs auf die Fähigkeiten seines Hundes verlassen muss, nicht nur umgekehrt. Außerdem fehlt teilweise die Auslebung der angeborenen Fähigkeiten des Hundes, zum Beispiel kommt seine Nase nicht zum Einsatz. Mobility führt aber zu sehr viel Spaß und Freude bei Hund und Halter, ohne beide zu stressen und unter Druck zu setzen. Es ist eine spaßige Freizeitbeschäftigung mit für den Alltag nützlichen Inhalten.

Dogdancing

Tanzen mit dem Hund. Schon der Begriff erklärt diesen Sport; zusammen mit dem Hund wird eine Choreographie zur Musik erarbeitet, die aus vielerlei einzelnen Kunststücken besteht. Für Wettkämpfe gibt es ein Regelwerk. Sie sind hierzulande noch eher selten, meistens werden einzelne Choreographien während Hundeveranstaltungen vorgeführt oder nur zum eigenen Spaß in Hundeschulen eingeübt.

Für diesen Sport (solange man ihn rein zum Freizeitvergnügen betreibt) sind quasi alle Hunde geeignet, da man die Schwierigkeit der einzelnen zu erlernenden Tricks dem jeweiligen Hund anpassen kann. Hier sind der Phantasie keine Grenzen gesetzt, man sollte einzig von Übungen Abstand nehmen, die der Gesundheit schaden, wie zum Beispiel übermäßige Sprünge, längeres Hüpfen auf zwei Beinen usw. Im fortgeschrittenen Stadium kann man die Übungen dann auch mit mehreren Hunden gleichzeitig machen.

Hier wird gutes Teamwork gefordert und gefördert und das Erlernen der einzelnen Tricks stellt eine geistige Anforderung für die Hunde dar.

Diesen Sport kann man ein Hundeleben lang ausführen und immer Neues dazulernen. Es werden keine Hilfsmittel wie Sportgeräte gebraucht, man kann im Garten oder auch heimischen Wohnzimmer üben, weshalb Dogdancing auch gut bei schlechtem Wetter eingesetzt werden kann, wenn der Spaziergang vielleicht mal etwas kürzer ausgefallen ist. Ein Spaß für Hund und Halter abseits vom Wettkampf, auch für Menschen, die unmusikalisch sind. Die Hunde werden körperlich und geistig gefordert, allerdings werden nicht alle Sinne bedient.

Von Wettkämpfen sollte man absehen, da dort wieder die Probleme auftreten, die bereits beschrieben wurden: Hektik, Stress durch den Leistungsdruck, besser sein zu müssen als die anderen, was zwangsweise auch wieder zu riskanteren Übungen führt, weil diese spektakulärer sind. Langes Warten in Boxen (Hunde sind keine Sportgeräte, die man nach Belieben wegstellt und wieder hervorholt), Lärm, Druck durch den Halter, der Erfolge erzielen will usw.

Nasenarbeit

Es gibt viele verschiedene Formen von Nasenarbeit, zum Beispiel Geruchsunterscheidung, Flächensuche, Fährtensuche, Mantrailing und Rettungshundearbeit.

Ihnen allen gemein ist, dass es sich um eine hoch anstrengende Aufgabe für den Hund handelt, denn das intensive Erschnüffeln von Spuren, Gegenständen und Menschen erfordert eine hohe Konzentration. Der Hund arbeitet in Bewegung und durch das intensive Schnüffeln erhöht sich sogar seine Körpertemperatur, weshalb man die Schwierigkeiten der Fährten auch nur langsam steigern sollte. Diese Arbeit spricht den wichtigsten Sinn des Hundes an, seine hervorragende Nase.

Das Aufspüren von Fährten ist eine sehr natürliche und Hunden angeborene Fähigkeit (die aber geschult werden muss), sie ist bei wild lebenden Caniden überlebenswichtig. Aber das Schnüffeln liefert den

Hunden auch sehr viele für sie nützliche Informationen, zum Beispiel darüber, wer vor ihnen hier war, wann und wo dieser hinging usw. Somit ist jede Art der Nasenarbeit eine sehr natürliche/ artgerechte Beschäftigung von Hunden, auch von Hütehunden, die den meisten auch unheimlich Spaß macht, wenn sie richtig aufgebaut wurde.

Ein weiterer wichtiger Aspekt, warum Nasenarbeit auch für Hütehunde so gut geeignet ist, ist der, dass hier absolutes Teamwork gefordert und gefördert wird. Der Hundehalter muss sich auf seinen Hund verlassen, kann allenfalls leicht lenkend in der Lernphase einwirken (wenn er weiß, wo es langgeht) und der Hund wiederum braucht Vertrauen in seinen Halter, der ihn zur Aufgabe führt und belohnt, wenn sie erledigt wurde. Der Hund erarbeitet eine Fährte oder stöbert nach einem bestimmten Geruch und findet letztendlich die Beute oder das „Opfer" selbstständig, wodurch sein Selbstbewusstsein gefördert wird. Dies entspricht genau den Aufgaben, für die Hütehunde ursprünglich gezüchtet wurden. Ein Hund, der sich schnell von Umweltreizen beeinflussen lässt, in sich unsicher ist oder Angst vor seinem Halter hat, wird an schwierigen Aufgaben scheitern. Hilft man ihm, diese Schwierigkeiten zu überwinden, werden das Vertrauen zum Menschen und die Anlagen des Hundes gefördert.

Man kann diese Art der Beschäftigung aus purem Vergnügen betreiben oder ihr einen ernsten und wichtigen Hintergrund geben, zum Beispiel durch die Arbeit in einer Rettungshundestaffel.

Geruchsunterscheidung

Hier lernt der Hund einen ganz bestimmten Geruch anzuzeigen. Die Geruchsunterscheidung wird zum Beispiel bei der Ausbildung von Drogenspürhunden eingesetzt oder bei Hunden, die Schimmel oder Krebs anzeigen. Aber nicht nur Diensthunde, auch Ihr Hund zu Hause kann die Geruchsunterscheidung ganz einfach erlernen. Sinnvoll ist dies besonders dann, wenn Sie ihn Dinge erschnüffeln lassen, auf die Sie zum Beispiel allergisch reagieren.

Nach demselben Prinzip funktioniert die Zielobjektsuche, bei der Hunde lernen, gewisse Gegenstände wie Münzen, Kugelschreiber usw. zu finden und anzuzeigen oder zu bringen. Sinnvoll ist das

In alle Gläser riechen und dann anzeigen, wo der Geruch drin steckt.

besonders für Leute, die gern mal ihre Schlüssel verlegen. ☺

Der Vorteil dieser Art von Nasenarbeit besteht darin, dass man sie auch in der Wohnung ausüben kann; man ist also vom Wetter unabhängig und kann die Übungen über den Tag verteilt immer mal einfließen lassen, wenn es gerade passt. Jeder Hund kann sie erlernen, auch ältere Hunde oder solche mit Behinderungen, die nicht mehr ganz so gut zu Fuß sind.

Flächensuche

Die Hunde lernen hierbei eine bestimmte Fläche systematisch nach einem gewissen Gegenstand oder einer vermissten Person abzusuchen. In der Regel arbeitet der Hund hierbei frei, also nicht an der Leine und ohne dass der Halter hinter ihm hergeht.

Der Hund verfolgt keine Spur, sondern stöbert nach dem Geruch. Man kann bei der Flächensuche Spielzeug verteilen, das der Hund einsammelt oder Futterbeutel, die er bringt und aus denen er belohnt wird.

Der Geruch kommt von oben, der Hund sucht mit erhobener Nase und versucht ihn zu orten (siehe Pfeil).

Um eine Flächensuche für geübte Hunde zu erschweren, kann man die dritte Dimension einbauen. Das zu Suchende liegt nicht am Boden, sondern hängt im Baum oder ist wie auf dem Foto in einer Mauerritze versteckt.

Flächensuche kann mit jedem Hund aufgebaut werden, der Schwierigkeitsgrad wird einfach dem Leistungsvermögen und -stand angepasst.

Fährtensuche

Hier verfolgt der Hund eine vorher ausgelegte Geruchsspur, die entsteht, wenn jemand oder etwas über eine Wiese oder einen Acker läuft, fährt oder sich sonstwie fortbewegt. Es kann aber auch eine Duftspur sein, die künstlich gelegt wurde, wie zum Beispiel eine Pansenfährte oder der Duft eines bestimmten Tieres.

Bei der Suche wird der Hund meistens an der Leine geführt und bringt den Halter zum gesuchten Ziel. Auch diese Aufgabe kann jeder Hund lernen, der Schwierigkeitsgrad der Fährte wird dem suchenden Hund angepasst.

Mantrailing

Mantrailing ist als Hundesport noch relativ jung, wird aber immer beliebter. Hierbei geht es um die Suche nach individuellen Personen, die sich zum Beispiel verlaufen haben oder vermisst werden.

Der Hund nimmt über einen Gegenstand, der dem zu Suchenden gehört, dessen Geruch auf und sucht diesen anhand von verlorenen Körperpartikeln wie Hautschuppen und Haaren, die jeder Mensch immer und überall verliert. Anders als bei der Fährtensuche, bei der auch über Bodenverletzungen gearbeitet wird, können Hunde diese Duftspur auch auf befestigten Wegen finden, auf denen es keine Bodenverletzungen gibt. Hierfür ist immer mindestens eine Hilfsperson erforderlich, die sich irgendwo versteckt. Auch Mantrailing kann jeder Hund lernen, er sollte nur nicht gerade Probleme mit Menschen haben, da es ihm ja Spaß machen soll, den Vermissten zu finden.

Rettungshundearbeit

Hier geht es um das Auffinden von Personen, manchmal auch, wenn diese durch Lawinen, Erdrutsche oder Trümmer verschüttet sind. Die Ausbildung wird vielerorts angeboten, beim Roten Kreuz, dem THW oder anderen Organisationen. Es handelt sich um eine langwierige und schwierige Ausbildung, sowohl für den Hund als auch den Halter, der ebenfalls eine Reihe von Prüfungen ablegen muss.

Einsätze finden oft unter schwersten äußeren Umständen statt und es geht hier wirklich um die Rettung von Menschenleben. Eine schönere Aufgabe kann es für einen Hund eigentlich nicht geben, aber man muss sich darüber im Klaren sein, dass es auch eine sehr gefährliche und sehr anstrengende Arbeit für den Hund ist. Trotzdem kann die Ausbildung sehr viel Freude bereiten und einen Hütehund artgerecht beschäftigen. Unbedingt müssen aber die Ausbildungsmethoden des jeweiligen Trainers genau angeschaut werden, denn leider wird in vielen Rettungshundestaffeln über viel Druck und Zwang, mit Leinenrucks und anderen Strafen gearbeitet.

Flyball

Hierbei muss der Hund über vier Hürden springen, eine Ballwurfmaschine mit den Pfoten auslösen, den Ball fangen, damit zurück über die Hürden springen und ihn beim Hundehalter abliefern.

Bei Wettkämpfen treten die Hunde in zwei Mannschaften direkt gegeneinander an, die schnellste Mannschaft gewinnt. Ein Hund, der einen Fehler macht (eine Hürde ausgelassen, den Ball nicht über's Ziel gebracht, Wechselfehler usw.) muss noch einmal antreten.

Durch den Wettkampf auf Zeit und das zeitgleiche Antreten mit anderen Hunden entstehen Stress und Leistungsdruck, die ganze Veranstaltung gleicht einem Wettrennen. Der Zeitdruck bringt ein hohes Verletzungsrisiko beim Auslösen der Ballwurfgeräte mit sich, da die Hunde diese oftmals sehr verdreht anspringen. Der Ball fliegt in die Richtung, aus der die Hunde mit großer Geschwindigkeit kommen, sie müssen sich also gleich nach dem Auslösen drehen, um den Ball zu fangen und zurückzulaufen. Es wird einzig und allein der Beute- und Hetztrieb

bedient. Es findet kein Teamwork mit dem Halter statt und der Hund leistet keine geistige Arbeit zum Erfüllen der Aufgabe. Es handelt sich um den immer gleichen Ablauf ohne Abwechslung. So betrachtet kann man dem Hund das Auslösen der Ballwurfmaschine zum Spaß beibringen, aber zur Auslastung eines Hütehundes ist dieser Sport ungeeignet. Zusätzlich besteht die Gefahr, den Hund zum Balljunkie zu machen, der nur noch Interesse an seiner Wurfmaschine hat.

Hüten/ Trial

Hütewettkämpfe haben in Großbritannien eine lange Tradition. 1873 fand in Nordwales der erste offizielle Trial statt, vermutlich wurden aber schon vorher Wettkämpfe in privatem Rahmen abgehalten. Beim Wettkampf werden mehrere Einzelaufgaben wie Outrun (Suchlauf), Shed (Abtrennen von Tieren von der Herde), Einpferchen der Schafe usw. in einer bestimmten Reihenfolge und in einer vorgegebenen Zeit gezeigt. Der oder die Hunde werden durch Pfiffe oder Zurufe gelenkt. Die Hunde bei ihrer ureigenen Arbeit zu beobachten, ist faszinie-

rend und man sieht ihnen an, dass sie dabei in ihrem Element sind, vor allem die Border Collies.

Müßig zu erwähnen, dass es keine idealere Beschäftigung für Hütehunde gibt als das Hüten. Wobei auch hier wieder der Gedanke des Wettkampfes in Frage gestellt werden muss. Viele Schafbesitzer bieten das Hüten an ihren Schafen regelmäßig an und es finden landesweit auch immer mehr Seminare zu diesem Thema statt.

Abgesehen davon, dass ein Dauereinsatz als zu hütendes Vieh für die Schafe kein Vergnügen ist, muss man sich im Klaren darüber sein, dass man damit unter Umständen „schlafende Geister" weckt, weil die Anlagen der Hunde hervorgehoben werden. Deshalb will es gut überlegt sein, ob man mit seinem Hund an einem Hütetest teilnimmt. Sicherlich ist es spannend zu sehen, wie der eigene Hund reagiert und es ist, wie schon gesagt, unglaublich faszinierend. Es kann aber sein, dass der Hund dabei seine Leidenschaft erkennt und fortan das Hüten einfordert oder bei mangelnder Gelegenheit etwas hütet, was so nicht gedacht war. Das muss nicht passieren, es gibt Berichte von Hundehaltern, die ihren Hund nur ein Mal hüten ließen und anschließend kein Problem damit hatten, dass ihre Hunde diese Arbeit nicht mehr verrichten durften. Trotzdem ist Vorsicht geboten!

Wichtig ist vor allem, dass man einen wirklich gut ausgebildeten Hund mitnimmt zu so einer Veranstaltung. Der Hund muss auch unter Erregung lenkbar sein, damit alle Beteiligten Spaß an der Sache haben und sich auch der Stress der Schafe in Grenzen hält! Der Seminarleiter sollte bereits mit verschiedenen Hütehundrassen gearbeitet haben, denn wie im entsprechenden Kapitel erwähnt, hütet zum Beispiel ein Langhaar Collie anders als ein Border Collie und diese Eigenheiten müssen Beachtung finden bei so einer Veranstaltung. So wirft sich zum Beispiel ein Border Collie sehr schnell und ohne Aufwand aus dem Laufen ins „Platz", um aus dieser Stellung heraus die Herde zu beobachten. Für den größeren und schwereren Collie ist das nicht angebracht und gehört auch nicht zu seiner angeborenen Art des Hütens.

Obedience

Obedience bedeutet übersetzt Gehorsam. Bei dieser Sportart werden vorher festgelegte Aufgaben so exakt und genau wie möglich ausgeführt; dazu gehören zum Beispiel das „bei Fuß“-Laufen in unterschiedlichen Figuren mit Abliegen, Sitzen und Stehen, das Apportieren von Gegenständen, Bleib- und Abrufübungen, Geruchsidentifikation von Gegenständen usw. Es gibt drei Schwierigkeitsstufen.

Der Vorteil des Obedience ist, dass es von Hunden jeder Altersklasse und jeder Rasse sowie auch von Menschen mit Handicap ausgeführt werden kann. Das Verletzungsrisiko für den Hund ist sehr gering, allerdings kommt es bei dem sehr engen (unnatürlichen, weil die Individualdistanz unterschreitenden) „bei Fuß“-Laufen nicht selten vor, dass den Hunden auf die Pfoten getreten wird.

Die Hunde können sich nicht so schnell hochpushen, da jede powernde Geschwindigkeit fehlt. Allerdings spricht dieser Hundesport keinen natürlichen Instinkt eines Hütehundes an, denn die minimale Geruchsunterscheidung ist keine großartige geistige Leistung und alle anderen Übungen sind für den Hund nichts weiter als militärisch exaktes Ausführen von Befehlen, wenn es dabei auch wesentlich ruhiger zugeht als in einer Kaserne. Die einzige Fähigkeit, die hier von einem Hund erwartet wird, ist die zum Kadavergehorsam.

Treibball

Obedience kann man mit dem Auswendiglernen eines Gedichtes in der Schule vergleichen. Anspruchsvoll, solange man es lernt; wenn man es einmal kann, ein stupides Abrufen gespeicherter Informationen. Es gibt keinerlei Spielraum für eine eigene geistige Leistung des Hundes und in der Regel ist auch kein Teamwork gefragt. Hier ist also, wenn überhaupt, der Weg das Ziel.

Treibball ist dem Hüten nachempfunden, nur dass hier die Schafe durch große Gummibälle ersetzt wurden. Der Hund muss eine gewisse Anzahl von Gymnastikbällen durch Anstupsen mit der Schnauze (wobei da auch den Vorlieben der einzelnen Hütehundrassen Rechnung getragen werden kann, denn der Hund darf den Ball auch mit der Schulter vorwärts bewegen) in Richtung eines Tores und in dieses hinein befördern. Der Hund wird durch den Halter, der neben dem Tor steht, durch Zurufe oder Pfiffe gelenkt. Hierbei wird vieles gefordert, was ein Hütehund auch an einer Herde können muss.

Das Spiel ist mit jedem Hund erlernbar, der ein Interesse für Bälle zeigt. Da die Größe der Bälle variiert, kann man es auch mit sehr kleinen oder sehr großen Hunden spielen. Ein sorgfältiger und durchdachter Aufbau ist wichtig, da sich die Hunde sonst beim Spiel mit dem Ball sehr hochpuschen können. Sie müssen daher jederzeit kontrollierbar sein, damit es zu keinen Verletzungen kommt, weil der Hund zum Beispiel vor lauter Begeisterung versucht, auf den Ball zu springen. Viele Hütehunde verfallen bei diesem Spiel auch in ein Dauergekläffe vor lauter Aufregung, woran von Anfang an kontrollierend gearbeitet werden muss.

Das Spiel kann man auch sehr vielfältig variieren, zum Beispiel indem man es mit mehreren Hunden gleichzeitig spielt, was allerdings hohe Anforderungen an den Hundehalter stellt, der dann zwei oder mehr Hunde gleichzeitig dirigieren muss. Die Bälle können auch vor Beginn versteckt werden, so dass der Hund sie erst einmal suchen und zur Ausgangsposition bringen muss.

Allerdings ist für diesen Sport sehr viel Platz nötig (eine große ebene Rasenfläche) und mehrere große Gummibälle, die entweder ein sehr großes Auto erfordern oder jedes Mal neu aufgeblasen werden

„Die Geister, die ich rief…“ – da wird ein Kürbis unversehens zum Treibball.

müssen. Dieses Spiel ist eine gute Beschäftigung für Hütehunde, es kommt ihren natürlichen Talenten sehr nah, es erfordert ein hohes Maß an Zusammenarbeit von Hund und Halter. Das Erlernen der Elemente des Spiels wie das Arbeiten auf Distanz, das Vorausschicken, das Unterscheiden zwischen links, rechts, vorwärts usw. stellt hohe geistige Anforderungen an den Hund, der zudem auch selbständig den möglichst direkten Weg mit dem Ball zum Tor finden muss. Einzig ihre angeborene Fähigkeit vorauszusehen, was die Schafe als nächstes machen, und vor allem das den Border Collies angeborene „Auge" werden hier nicht gefordert. Auch hier spielt wieder der richtige Aufbau und das Fernbleiben von stressigen Wettkämpfen eine wichtige Rolle.

Vielseitigkeitsprüfung für Gebrauchshunde (VPG)

Sie wurde früher als Schutzhundausbildung bezeichnet. Dieser „Sport" besteht aus drei verschiedenen Disziplinen, der Fährtenarbeit, der Unterordnung und dem Schutzdienst. Es gibt vier Schwierigkeitsstufen, VPG A ohne Fährtenarbeit und VPG 1, VPG 2 und VPG 3.

Bei der Fährtenarbeit werden winkelige Fährten in unterschiedlicher Länge und unterschiedlichem Schwierigkeitsgrad zum Auffinden von Gegenständen gelaufen. Hierbei wird Wert darauf gelegt, dass so exakt wie möglich auf der Spur gearbeitet wird.

Die Unterordnung besteht aus ähnlichen Elementen wie beim Obedience und auch hier wird eine absolut exakte Ausführung gefordert.

Der umstrittenste Teil ist der Schutzhundesport. Selbst wenn diese Form des Schutzhundesports nicht mit der Ausbildung des Schutzdienstes von Polizeihunden zu vergleichen ist, ist es nach meinem Dafürhalten ein absolut falsches Zeichen in der heute sehr angespannten gesellschaftlichen Lage, in der sich Hundehalter befinden, einen „Sport" zu betreiben, bei dem Hunde auf Menschen gehetzt und für das Verbeißen in deren Ärmel belohnt werden. Zudem sind viele Ausbildungsmethoden gesundheitlich bedenklich und das Verletzungsrisiko für den Hund ist erheblich. Vor allem die Wirbelsäule wird durch ständiges Stauchen und Verdrehen stark in Mitleidenschaft gezogen.

Als „Rechtfertigung" der VPGler kann man Sätze lesen wie: „Hier wird der Beute- und Jagdtrieb artgerecht ausgelebt", oder „Es wird das artgerechte Ergreifen von Beute zur Nahrungssicherung und nicht die Verteidigung trainiert".

Man gestatte meine Nachfrage: Artgerechtes Ausleben des Beutetriebs – durch Beißen in den Schutzärmel an einem Menschen?! Artgerechtes Ergreifen von Beute – am Menschen demonstriert?! Das ist nicht artgerecht, weder für einen Hütehund, der Vieh (und Menschen erst recht nicht) niemals greifen und festhalten, geschweige denn packen darf, noch für einen anderen Hund.

Die Collieartigen genießen ihren guten Ruf nicht zuletzt deshalb, weil man mit ihnen ein Bild von menschenfreundlichen, friedlichen Hunden verbindet. Bilder von im Ärmel hängenden oder Zähne fletschenden Collies werden dieses Image zerstören und schaden somit nachhaltig dem guten Ruf der Rassen.

Selbst wenn die Hunde im VPG nicht scharf gemacht werden (wobei es da leider auch schwarze Schafe und schlechte Ausbildungen gibt), solche Bilder machen vor allem Nichthundehaltern Angst und genau das darf nicht sein. Es ist Rücksichtnahme im Umgang mit Nichthundehaltern gefragt, heute mehr denn je und genau das symbolisiert dieser Sport nicht. Zusätzlich muss man sich die Ausbildungsmethoden und Trainer sehr genau ansehen, denn leider sieht man bei den Übungen immer wieder Hunde, die am Ketten- oder Stachelwürger geführt und mit heftigen Leinenrucks traktiert werden. Auch das verbotene Stromhalsband kommt immer noch zum Einsatz, führende Ausbilder dieser Sparte preisen es nach wie vor als unverzichtbare Erziehungshilfe an.

Wesensfestigkeit und Arbeitswillen kann man anders demonstrieren und ausleben, dazu muss ein Hund nicht lernen, Menschen zu stellen, zu verbellen und in deren Ärmel zu beißen. Dieser Sport ist nicht nur für Collieartige absolut ungeeignet, weil er aus lauter Elementen besteht, die für Hütehunde artfremd und unerwünscht sind: Kadavergehorsam, aktive Verteidigung durch Stellen und Verbellen von Menschen, Packen und Halten von „Beute", Hetzen und Stellen von flüchtenden Menschen. Hinzu kommen die gesundheitlichen Aspekte und das schlechte Ansehen in der Gesellschaft.

Es gibt vereinzelt Collies, die in der Vielseitigkeitsprüfung für Gebrauchshunde geführt werden. Sie sind ein trauriges Beispiel dafür, wie weit sich diese Hunde von ihren Ursprüngen entfernt haben, vergleichbar mit einem Collie, der völlig überdreht zum Dauerkläffer wird. In diesen Fällen sind durch züchterische Selektion und/ oder falsche Erziehung Eigenschaften zu Tage getreten, die nicht typisch für Collieartige und für Familienhunde nicht von Nutzen sind – und der Rasse allenfalls zu einem schlechten Ansehen verhelfen.

Denkspiele – Intelligenzspiele

Intelligenzspiele gehören auch zu den Möglichkeiten, Hunde vor allem geistig auszulasten und zu fördern. Sie eignen sich sehr gut, um mal etwas zwischendurch in der Wohnung zu machen, zum Beispiel bei schlechtem Wetter, wenn der Spaziergang mal etwas kürzer ausgefallen ist. Ebenfalls sind sie gut geeignet für Hunde, die sich aus gesundheitlichen Gründen (zum Beispiel nach Operationen) nicht so viel bewegen dürfen. Darüber hinaus fördern sie das Selbstbewusstsein, weil der Hund sich die Lösung, wie er an sein Leckerchen kommt, selbst erarbeitet.

Diese Spiele sind teilweise sehr teuer, aber mit etwas Geschick und Phantasie kann man viele von ihnen selber bauen oder basteln. Alte Schachteln, Papp- und Kunststoffröhren, Kunststoffflaschen oder was immer sich im Haushalt oder der Werkstatt finden lässt, eignen sich dafür hervorragend.

Auch hier ist der Weg das Ziel, denn wenn die Hunde die Lösung einmal begriffen haben, ist es meist keine Denksportaufgabe mehr, sondern reine Beschäftigung – an der sie allerdings trotzdem noch Spaß haben, weil es ja eine Belohnung gibt.

Für die Beschäftigung zwischendurch gibt es auch diverse Spielzeuge zu kaufen, die man mit Lecker-

chen füllen kann. Die Aufgabe des Hundes besteht darin, diese wieder herauszubekommen, wozu er Ausdauer, Geschick und Intelligenz braucht.

Man sollte darauf achten, dass man nicht mit zu schweren Spielen beginnt, damit der Hund den Spaß an der Sache behält und nicht überfordert/frustriert wird. Je häufiger ein Hund solche Spiele macht, desto leichter fällt es ihm, auch schwere Aufgaben zu lösen. Er wird mit zunehmender Erfahrung auch mutiger beim Ausprobieren, wie er am besten an das Leckerchen kommt.

Was man sonst noch machen kann

Wie schon erwähnt sind sehr viele der angebotenen Hundesportarten nicht wirklich geeignet, um einen Hütehund artgerecht zu beschäftigen. Andererseits gibt es viele Möglichkeiten, ihn auch außerhalb eines organisierten Hundesports und Vereinslebens auszulasten. Sie brauchen hierfür nur etwas Phantasie und das Wissen, dass man möglichst alle Sinne ansprechen sollte – und natürlich die Bereitschaft, sich wirklich mit Ihrem Hund zu beschäftigen. ☺

Natürlich muss es auch Spaziergänge geben, auf denen beide Seiten einfach nur die Seele baumeln lassen, ohne sich großartig miteinander zu beschäftigen. Das ist sogar sehr wichtig, auch für den Hund,

um nach aufregenden und spannenden Abenteuern den Akku wieder zu laden und wieder zur Ruhe zu kommen. Aber abgesehen davon sollte es auch Spaziergänge geben, auf denen Mensch und Hund wirklich gemeinsam unterwegs sind. Außerdem sollten Sie Folgendes bedenken: Für einen Hund stellen die Spaziergänge die Höhepunkte des Tages dar, die nicht dazu da sind, sich immer nur zu entspannen, sondern die genutzt werden sollten, um Dinge zu erkunden, sich körperlich auszulasten, zu spielen, Kumpels zu treffen usw. Das Ausruhen erledigt Ihr Hund den Rest des Tages, während Sie die Hausarbeit machen, einkaufen oder anderweitig beschäftigt sind.

Wie kann also ein Spaziergang aussehen, der alle Sinne berührt, Spaß macht und Gemeinsamkeiten schafft? Gemeinsames Entdecken und Erkunden gehören dazu, Kuscheln, Renn- und Versteckspiele, Geschicklichkeitsübungen, Schwimmen (bei entsprechender Jahreszeit), Apportierübungen usw. usw.

Solche Spaziergänge kann man auch zu mehreren machen. Eine Clique von Hundehaltern trifft sich und jedes Mal denkt sich jemand anderes etwas Nettes zur Beschäftigung aus und man trifft sich auch immer mal wieder an neuen Orten, wo die Hunde neue Wege entdecken können.

Darüber hinaus können Sie Ihrem Hund auch nützliche Tricks wie das Reichen von Wäscheklammern oder Telefon beibringen, das Öffnen der Tür oder das Tragen von Einkäufen. Letzteres erfüllt viele Hunde mit sehr viel Stolz und gibt ihnen das Gefühl, eine wirklich sinnvolle Aufgabe zu erledigen.

All das macht Spaß und schafft Gemeinsamkeit; darüber hinaus werden Intelligenz und Flexibilität Ihres Hundes gefordert, da er sich immer wieder neuen Aufgaben stellen muss. Zwar nicht mehr beim Hüten von Nutztieren, aber bei der Hilfe im Haushalt. Die Aufgaben wandeln sich mit der Zeit. ☺

Haarige Zeiten

Langhaar ist Leidenschaft

In diesem Kapitel geht es um die Fellpflege Ihres vierbeinigen Hausgenossen und auch darum, was man aus seinem Fell so alles machen kann. Lassen Sie sich überraschen!

Hat man einen langhaarigen Hund, wird man ständig darauf angesprochen, ob dieser nicht sehr viel Dreck ins Haus bringe und seine Fellpflege nicht sehr viel Arbeit mache. Bei entsprechendem Wetter und Aussehen des Hundes enthält die Frage einen besorgten Unterton.

Die Antwort lautet: Viel ist relativ, und ob es zu viel wird, muss jeder für sich selbst entscheiden. Ein langhaariger Hund macht logischerweise mehr Arbeit und Dreck als ein kurzhaariger und das sollte auch jedem klar sein, der sich einen solchen Hund anschafft.

Keinesfalls sollte man dem Hund alles verbieten, was Spaß macht, nur weil er anschließend Dreck in die Wohnung bringt, oder ihn ständig kurz scheren, weil ein sauberer Wohnbereich oberste Priorität hat.

Wer so denkt, sollte so fair sein, sich von vornherein einen kurzhaarigen Hund anzuschaffen; denn es gehört zum „Hund sein" dazu, beim Toben mal die Abkürzung durch einen ausgetrockneten Teich zu nehmen oder ungeachtet des Schlamms und der Kletten, die anschließend im Fell hängen, durch's Unterholz zu rennen. Zusätzlich sind viele Hütehunde mit großer archäologischer Leidenschaft ausgestattet, und was nach fundierten Ausgrabungen manchmal so zum Vorschein kommt, kann man nur als Dreckkatastrophe bezeichnen. Zugegeben, in solchen Momenten wünscht man sich manchmal einen kurzhaarigen Hund. Aber nicht wirklich lange und wozu gibt es denn schließlich die Dusche, das Trockentuch, einen Besen, eine Schaufel und den Staubsauger?! Eines sollte einem aber in jedem Fall klar sein: So ordentlich frisiert und penibel sauber wie auf den meisten Rassebildern in Büchern und Kalendern sieht ein Collieartiger im wirklichen Leben nur selten aus!

Viele Collies und Shelties lieben das Wasser. Im Sommer sehr verständlich bei den Fellmassen, mit denen sie manchmal ausgestattet sind. Wenn sie dann zum Trocknen durch einen umgepflügten Acker rennen, ist das der Albtraum jedes Freundes einer halbwegs gepflegten Wohnkultur, denn der Dreck fällt garantiert erst an der Stelle im Haus wie-

der raus, an der der Hund seinen wohlverdienten Erholungsschlaf hält... und natürlich auf dem Weg dahin und im Auto! ☺

Wenn man so ein „kleines Ferkel“ zu Hause hat, ist eine Hundedusche im Haus sehr hilfreich, um den gröbsten Dreck rauszuwaschen. Der Schlauch im Garten sollte nur im Sommer zum Einsatz kommen, da sich nasse Hunde bei kühlen Temperaturen erkälten können, wenn sie sich nicht ständig bewegen. Außerdem sollte das Wasser temperiert und keinesfalls eiskalt sein!

Aber auch kurzhaarige Hunde machen Dreck, nur halt erheblich weniger. Die langhaarigen Vertreter der Rassen Collie und Co. sind kein Statussymbol, das man sich anschafft, damit man beim Flanieren bewundert wird, es sind Tiere mit all den Bedürfnissen, die Hunde nun mal so haben, und dazu gehören auch Rennen, Toben, Buddeln und ab und an im Schlamm baden. Es gibt natürlich auch Vertreter aller Rassen, die für all das nichts übrig haben und penibel aufpassen, dass ihre weißen Pfoten nicht dreckig werden, aber aus eigener Erfahrung kann ich Ihnen versichern: sie sind in der Minderheit.

Das lange Fell der Collieartigen besteht aus Unterwolle und Deckhaar und hat seinen Ursprung im rauen Klima Nordbritanniens und Shetlands, der Heimat dieser Hunde. Wenn man sich alte Bilder aus den Ursprüngen der Rassen anschaut, wird man feststellen, dass sie früher zwar viel Fell mit Unterwolle hatten, aber nicht diese Unmengen und die Länge, wie es heute teilweise der Fall ist. Dieser übermäßige Fellbewuchs ist aus einem zweifelhaften züchterischen Idealbild entstanden und hat nichts mehr mit der Funktionalität des ursprünglichen Fells zu tun. Teilweise ist die Funktionalität sogar fast ganz verloren gegangen, das Fell ist nicht mehr harsch, sondern teilweise sehr weich und bietet deshalb nicht mehr die gleiche Schutzfunktion. Besonders der Langhaar Collie, der Sheltie und der Bearded Collie sind von diesem Problem betroffen. Im Ursprung war das Deckhaar wasserabweisend und hat die Unterwolle vor Nässe geschützt. Die Unterwolle hat die Hunde bei dem kalten, nassen Wetter und dem ständig herrschenden Wind in ihrer Heimat gewärmt. Das ursprüngliche Fell war selbstreinigend und neigte auch nicht übermäßig zum Filzen.

Bei uns ist das Klima milder als im Norden Großbritanniens und trotzdem verfügen die Hunde in manchen Zuchtlinien über eine Unterwolle, die ihnen das Überleben in der Antarktis möglich machen würde.

Alter Collie mit Filz im Fell.

Im Sommer wird das zum Problem, vor allem im Alter, und/ oder wenn das Fell nicht regelmäßig gepflegt und die abgestorbene Unterwolle gründlich ausgekämmt wird. Filz in der Unterwolle verhindert, dass Luft an die Haut kommt und das kann zu Hitzestaus und Hautentzündungen führen. Vor allem erkennt man kleinere Verletzungen unter dem Filz nicht, die dann schnell zu größeren, sich entzündenden Wunden werden können. Außerdem lassen sich in zu dichter/ verfilzter Unterwolle Zecken und anderes Ungeziefer kaum finden und entfernen. Die Fellpflege eines Hundes mit extremer Unterwolle kann eine echte Aufgabe sein, da kann man schon mal ein bis zwei Stunden kämmen, wenn man es gründlich macht. Der Pflegezustand mancher Collies ist bei genauer Betrachtung erschreckend, oft wird nur oberflächlich gekämmt und drunter sitzt der Filz. Bei normaler Fellmenge reicht ein regelmäßiges Kontrollieren, Entfernen von Kletten und anderem Unrat und gründliches Durchkämmen alle paar Wochen. Bei Junghunden, Welpen und während des Fellwechsels muss öfter gekämmt werden, denn vor allem die Unterwolle von jungen Hunden neigt dann vermehrt zum Verfilzen.

Viele Halter von langhaarigen Hunden sind überfordert mit der Fellpflege und greifen in ihrer Verzweiflung zum Schergerät. Das Scheren geht relativ schnell und ist auch einfach zu erlernen, es hat nur den Nachteil, dass das Deckhaar und die Unterwolle auf die gleiche Länge geschoren werden und somit das Deckhaar seine Schutzfunktion verliert. Die Unterwolle wird bei Regen durchweicht und die Hunde werden im wahrsten Sinne des Wortes „nass bis auf die Haut“, was wiederum zu Erkältungen und Blasenentzündungen führen kann!

Wenn zu kurz geschoren wird, besteht weiterhin die Gefahr, dass die Hunde einen Sonnenbrand bekommen. Bei manchen Hunden verändert sich das Fell durch das Scheren, es wird weicher und neigt noch eher zum Verfilzen.

Der Zeitpunkt des Scherens muss richtig gewählt werden, damit das Fell zum Herbst hin wieder eine Länge hat, die den Hund in der kalten Jahreszeit schützt. Gerade im Frühjahr und Herbst, wenn es tagsüber angenehm warm ist, nach Sonnenuntergang aber erheblich abkühlt, sollte nicht geschoren werden, weil der Hund sonst schlichtweg friert!

Geschorener Bearded Collie.

Einige Hundehalter lassen ihre Hunde auch scheren, weil diese sich nicht kämmen lassen wollen und das notfalls auch mit ihren Zähnen zu verstehen geben. Damit es gar nicht erst so weit kommt, beginnen Sie schon beim jungen Hund/ Welpen mit einer vertrauensvollen, vorsichtigen und rücksichtsvollen Fellpflege, die ihn in Art und Dauer nicht überfordert. Kämmen Sie nicht zu ruppig und nicht zu lange. Denken Sie immer daran: Ein Hund, der sich nicht bürsten lassen möchte, hat in der Regel schlechte Erfahrungen damit gemacht. Ersparen Sie ihm diese, ersparen Sie sich einen abwehrbereiten Hund, wenn Sie mit Kamm und Schere anrücken.

Wenn die schlechten Erfahrungen schon tief sitzen, ist Geduld gefragt. Das Frisieren muss wieder positiv belegt und Vertrauen wieder aufgebaut werden – und das braucht Zeit. Gehen Sie in ganz kleinen Schritten vor und beenden Sie jeden einzelnen Schritt mit einem Leckerchen oder einem Lob. Reden Sie Ihrem Hund sanft zu und denken Sie daran, dass viele Hunde mit ihren Vorderpfoten und Hinterteilen sehr eigen sind und sich da nicht gerne anfassen lassen. Sie müssen erst lernen, das zu dulden.

Wenn ein Hund extreme Probleme mit seinem vielen Fell oder der Fellstruktur hat oder aus gesundheitlichen Gründen mehr Luft an die Haut kommen

Geschorener Collie.

Zwei Collie-Bearded Collie Mischlinge, einmal geschoren, einmal mit Originallänge.

sollte, kann die Unterwolle ausgedünnt werden. Hierzu gibt es spezielle Klingen, mit denen ein Profi gut umgehen kann und evtl. auch bereit ist, Sie hierin anzuleiten. Keinesfalls sollten Sie ohne seine Hilfestellung loslegen, denn diese Klingen kürzen auch das Deckhaar mit ein und ohne Übung sieht der Hund hinterher entsetzlich aus.

Eine andere sehr effektive, aber auch sehr aufwändige Möglichkeit besteht darin, dem Hund das Fell mit der Effilierschere Strähne für Strähne auszudünnen. Der Vorteil hierbei ist, dass man kontrollieren kann, wo geschnitten wird und wo nicht. Die Funktion des Fells bleibt erhalten und der Hund sieht hinterher nicht entstellt aus. Je nachdem, wie viel man herausschneidet, sieht man hinterher nur, dass der Hund etwas dünner ist, aber nicht, dass am Fell geschnitten wurde. So eine Prozedur dauert etwa 60 bis 90 Minuten (beim Sheltie natürlich weniger), je nachdem wie viel Unterwolle raus muss.

Eine weitere Möglichkeit besteht darin, das Fell einfach in der Länge zu halbieren. Das schafft etwas Erleichterung, erwischt aber nur wenig Unterwolle und man sieht deutlich, dass geschnitten wurde. Es lässt sich nicht leugnen, dass viele Hunde mit sehr viel Unterwolle richtig aufleben, wenn sie geschoren werden. Man kann beobachten, wie sie wieder agiler und fröhlicher wirken – was aber auch ein ganz deutliches Zeichen dafür ist, dass viele Collieartige definitiv zu viel Unterwolle haben. Es sieht zwar beeindruckend und imposant aus, wenn ein Collie mit richtiger „Löwenmähne“ daherkommt, aber es ist in unseren Breiten mehr als unpraktisch, ungesund und grenzt in einigen Fällen sogar an Qualzucht.

Ein wie auch immer geschnittenes Fell ist immer pflegeintensiver als ein ungeschnittenes. Es neigt viel eher zum Verfilzen, vor allem wenn es nachwächst. Somit ist Scheren nicht unbedingt die Lösung des Problems, wenn Hunde deshalb geschoren werden, weil sie sich nicht kämmen lassen. Bei langhaarigen Hunden ist die Anschaffung eines Frisiertisches sehr hilfreich, da das Kämmen durchaus länger dauern kann und dann am Boden sehr den Rücken des Halters beansprucht. Hunde, die allmählich daran gewöhnt werden, auf dem Tisch frisiert zu werden und die eine rutschfeste Unterlage auf ihm angeboten bekommen, nehmen dies ganz gelassen hin und schlafen manchmal sogar während des Kämmens ein.

Zum Frisieren werden im Handel unendlich viele Arten von Kämmen und Bürsten angeboten. Aus

eigener Erfahrung eignen sich am besten eine Bürste mit Naturborsten, ein Kamm mit sich drehenden Zinken und ein Entfilzungskamm, wobei sich zum Entfilzen an sensiblen Stellen wie den Achseln und hinter den Ohren ein Flohkamm viel besser eignet, weil er viel weniger ziept und die Unterwolle besser raus nimmt. Man kann Verfilzungen an dieser Stelle aber auch einfach wegschneiden. Die Schere kommt auch beim Schneiden der Haare unter und an den Pfoten zum Einsatz, eventuell sollte man noch eine Effilierschere zum Ausdünnen des Fells kaufen.

Bei der Anschaffung des Werkzeuges lohnt es sich vor allem bei den Scheren, gute Qualität zu kaufen, die ein Hundeleben lang und darüber hinaus halten und auch geschliffen werden können. Am besten kauft man Scheren und Bürsten übrigens bei seinem eigenen Friseur, denn die aus dem Zoofachhandel sind oftmals schlecht verarbeitet und gehen deshalb viel schneller kaputt oder taugen schon von Anfang an nichts.

Die einzigen Haare, die wirklich regelmäßig geschnitten werden sollten, sind die, die zwischen den Ballen unter den Pfoten herauswachsen. Dort setzen sich Lehm, Kletten und andere Dinge fest und die Haare verfilzen auch zwischen den Ballen, was den Hund beim Laufen behindern oder ihm sogar weh tun kann. Außerdem bringen sie viel unnötigen Dreck in die Wohnung. Hierbei ist wichtig, nicht in die Lücken zwischen den Pfoten zu schneiden, in denen sich auch kleine Häutchen befinden, die beim Schneiden verletzt würden! Nur die über die Ballen hinausstehenden Haare werden geschnitten.

Der Bearded Collie hat noch das Problem der langen Haare vor den Augen, die sein Gesichtsfeld einschränken. Viele der Beardie Freunde glauben, dass der Sinn dieser langen Haare darin besteht, die Augen des Hundes zu schützen. Wenn dem so wäre, hätten wild lebende Caniden und die anderen Hütehunde der Region sie ebenfalls, was aber nicht der Fall ist. Zudem behindert dieser Vorhang die Wahrnehmung der für die Kommunikation so wichtigen Mimik und Gestik von Artgenossen und Hundehalter und schränkt das eigene Gesichtsfeld ein.

Völlig unsinnig wird es dann, wenn die angeblich schützenden Haare mit Spangen und Gummis hochgebunden werden, manchmal sogar so straff, dass sich die Haut um die Augen mit nach hinten zieht. Abgesehen davon, dass dies weh tut, fällt mir so gar kein vernünftiger Grund ein, warum dem Hund die Haare nicht einfach geschnitten werden, damit er vernünftig sieht und gesehen werden kann?! Beim Schneiden ist wichtig darauf zu achten, dass die Länge stimmt! Die Haare dürfen nicht

halbherzig geschnitten werden und damit gerade noch lang genug sein, dass sie ins Auge fallen und somit seine Oberfläche reizen. Seien Sie außerdem bitte vorsichtig mit der Schere im Augenbereich.

Die Hunde mit sehr langen Haaren an den Beinen und unter dem Bauch bekommen im Winter ziemliche Probleme, weil sich der Schnee darin festsetzt. Teilweise hängen tennisballgroße Schneebälle im Fell, die extrem beim Laufen behindern. Im Handel werden allerlei Mittelchen angeboten, die Abhilfe schaffen sollen und mehr oder weniger gut funktionieren. Ein altes Hausmittel tut's in jedem Fall: Reiben Sie die Pfoten und das Fell an den entsprechenden Stellen kurz vor dem Rausgehen mit Olivenöl ein. Es verhindert das Bilden von Schneeklumpen nicht vollständig, verzögert das Übel aber deutlich. Zusätzlich sollten Sie einen Kamm dabei haben (was sich bei Langhaarhunden sowieso empfiehlt), um die Schneeklumpen regelmäßig zu entfernen, da sie wirklich stark behindern können. Auch die kleinen Eisbällchen zwischen den Zehen sollten regelmäßig beim Spaziergang entfernt werden. Wer in schneereichen Gebieten wohnt, kann darüber nachdenken, die Fahnen an den Pfoten im Winter einzukürzen, so wird das Problem auf einfachste Weise am effektivsten verhindert.

Splish Splash – das (ungeliebte) Baden des Hundes

Viele Hunde werden regelmäßig gebadet, was aber überhaupt nicht nötig und vor allem nicht gesund ist, da dabei der Schutzfilm der Haare und der Haut zerstört wird. Je häufiger man badet, desto häufiger muss man es dann schließlich auch wiederholen, weil die Selbstreinigungskraft des Fells verloren geht. Häufiges Baden kann zusätzlich zu Problemen mit der Haut führen, da sie dadurch austrocknet. In der Regel ist es also besser, es zu lassen und Dreck entweder mit dem Handtuch raus zu rubbeln oder nur mit klarem Wasser auszuspülen.

Muss man den Hund doch einmal baden, weil er sich in etwas für Hundenasen unglaublich gut Duftendem gewälzt hat, dessen Geruch uns an die Grenze des Würgens bringt und/ oder so fürchterlich dreckig ist, dass nichts anderes mehr hilft, sollte man darauf achten, dass in den Shampoos möglichst wenig Chemie und kein Silikon enthalten ist, was vor allem bei Shampoos für langhaarige Hunde leider sehr häufig der Fall ist, denn es erleichtert das Kämmen nach dem Waschen. Leider macht es aber die Haare auf Dauer auch brüchig. Mittlerweile gibt es Hunde-Shampooseifen im Handel, die aus reinen Naturstoffen bestehen und sich gut eignen, den Schmutz aus dem Fell zu waschen. Der Vorteil an Seifen ist, dass sie in der Regel keine Konservierungsstoffe und wenig Chemie enthalten. Die gute alte Kernseife tut es aber auch, wenn man etwas aus dem Fell waschen möchte.

Auch das Fell von kurzhaarigen Hunden muss regelmäßig gepflegt werden, wobei man aber meist mit einer Bürste und einem Handtuch auskommt und der Aufwand nicht mit dem bei den langhaarigen Vertretern zu vergleichen ist. Auch die Kurzhaarigen durchlaufen einen Fellwechsel und es ist erstaunlich, wie viel Unterwolle dabei auch aus einem kurzhaarigen Hund rauskommt und sich in der Wohnung verteilt. Will man bei einem kurzhaarigen Hund Dreck aus dem Fell waschen, reicht meistens ein feuchter Lappen aus.

Vom Schafhüter zum Schafersatz

Früher bestand eine der Hauptaufgaben der Collieartigen im Hüten des Wollproduzenten Schaf, heute können sie selber zum Wolllieferanten werden. Im Fellwechsel und bei jedem Kämmen verlieren sie, je nach Menge der Unterwolle, Berge von ganz feiner, weicher Wolle in unterschiedlichen Farben. Viele Hundehalter wissen damit nichts anzufangen und werfen sie einfach weg. Es ist übrigens auch keine gute Idee, den Hund beim Spaziergang zu bürsten und das Fell in der Nähe von Futterwiesen liegen zu

lassen, denn das Weidevieh kann bei dessen Aufnahme beim Grasen arge Probleme bis hin zur Kolik bekommen.

In jedem Fall ist es aber schade, die ausgekämmte Wolle unserer Hütehunde wegzuwerfen, denn sie bietet eine ganze Reihe von Möglichkeiten der Freizeitgestaltung. Sie lässt sich prima spinnen oder filzen und kann so zu Hundedecken oder Kleidungsstücken wie Westen und Hüten für Herrchen und Frauchen verarbeitet werden. Hundewolle ist sehr warm und weich. So entstehen nicht nur nützliche Dinge, sondern auch schöne Erinnerungsstücke an den jeweiligen Hund.

Die Wolle eignet sich auch prima, um Kindern das Filzen beizubringen. Ein selbst gefilzter Teddy aus der Wolle vom eigenen Hund hat eine ganz andere Bedeutung als ein gekauftes Stofftier. Spinnen und Filzen sind bei fachkundiger Anleitung relativ leicht zu erlernen. Beides sind uralte Handwerkstechniken, die vielleicht die eine oder andere Großmutter noch von früher kennt. Zum Spinnen sind einige Geräte notwendig (Kardiergerät, Spinnrad, Haspel), weshalb sich die Anschaffung nur für Menschen lohnt, die ohnehin Spaß am Stricken oder Häkeln haben und jetzt auch noch ihre Wolle selber spinnen wollen. Zum Filzen hingegen braucht man eigentlich nur Dinge, die ohnehin im Haushalt vorhanden sind, maximal kann man eine Filznadel oder, wenn man größere Stücke herstellen möchte, ein Kardiergerät anschaffen.

Zum Thema Filzen gibt es zahlreiche Bücher, in denen es anschaulich erklärt wird. Beide Techniken kann man auch in vielen Volkshochschulen lernen, vor allem das Filzen kommt wieder in Mode. Es gibt auch Spinnstuben, in denen gegen Bezahlung die Wolle des eigenen Hundes gesponnen wird. Man bekommt die fertige Wolle zurück und braucht selber nur noch zur Strick- oder Häkelnadel greifen.

Die Wolle kann im Frühjahr auch in Obstnetzen in den Garten gehängt werden. Die Vögel zupfen sich die Haare raus und verwenden sie zum Auspolstern ihrer Nester. Bei uns im Garten sammeln sich die Vögel der ganzen Siedlung, um sich mit Nistmaterial zu versorgen, sie zupfen die Haare sogar aus den Fußabtretern.

Mit der ausgekämmten, gewaschenen Wolle kann man auch Kissen oder Hundebetten polstern. Die Hunde liegen sehr gerne auf ihren eigenen Haaren. Vor allem alte Hunde oder Hunde mit Arthrose und

Gefilzter Collie.

Gefilzte Geschirre.

Gefilzter Hut (oben) und gefilzte Hausschuhe (unten) aus Colliehaaren.

ähnlichen Gelenkerkrankungen nehmen solche Decken dankbar an, da sie sehr gut von unten isolieren. Gefilzte oder gehäkelte Hundedecken oder -mäntel halten draußen den Rücken im Winter schön warm, was vor allem für Hunde mit Arthrose, Spondylose und anderen Erkrankungen sehr hilfreich ist. Sie sind auch viel weniger auffällig, wenn sie aus der eigenen Wolle gemacht sind, als die gekauften aus Stoff. Wenn ich mit meinem Beardie Mischling spazieren ging und sie dabei ihre gehäkelte Decke trug, bin ich oft angesprochen worden, ob sie jetzt geschoren sei, denn die meisten Leute haben erst auf meinen Hinweis hin gesehen, dass sie „angezogen“ war.

Für's Filzen und Spinnen sollte nur ausgekämmte Wolle verwendet werden, keine geschorene, weil diese ziemlich piekst. Allerdings kann auch gekämmte Wolle pieksen, wenn viel Deckhaar drin ist. Wurde die Wolle gewaschen, riecht sie übrigens auch nicht mehr nach Hund. Wie Sie sehen, ist Hundewolle sehr vielseitig zu verwenden und deshalb viel zu schade, einfach weggeworfen zu werden.

Gefilzter Hundemantel, hier aus Wolle eines Tricolor Collies an einem Zobel Collie.

Krallen-, Ohren- und Zahnpflege

Die Hundekrallen müssen regelmäßig überprüft und ggf. geschnitten werden, wenn sie sich nicht von selbst ablaufen. Die Krallen sollten, wenn der Hund auf ebener Fläche steht, kurz vor dem Boden aufhören. Wenn man beim Laufen ein dauerndes Klacken oder Schleifen hört, sind sie zu lang oder es liegt eine Fehlhaltung vor – in beiden Fällen sollten Sie den Tierarzt aufsuchen. Das Schneiden der Krallen sollten Sie nur dann selbst in die Hand nehmen, wenn Sie dazu vom Tierarzt angeleitet wurden und über die nötige Routine verfügen; denn anders als

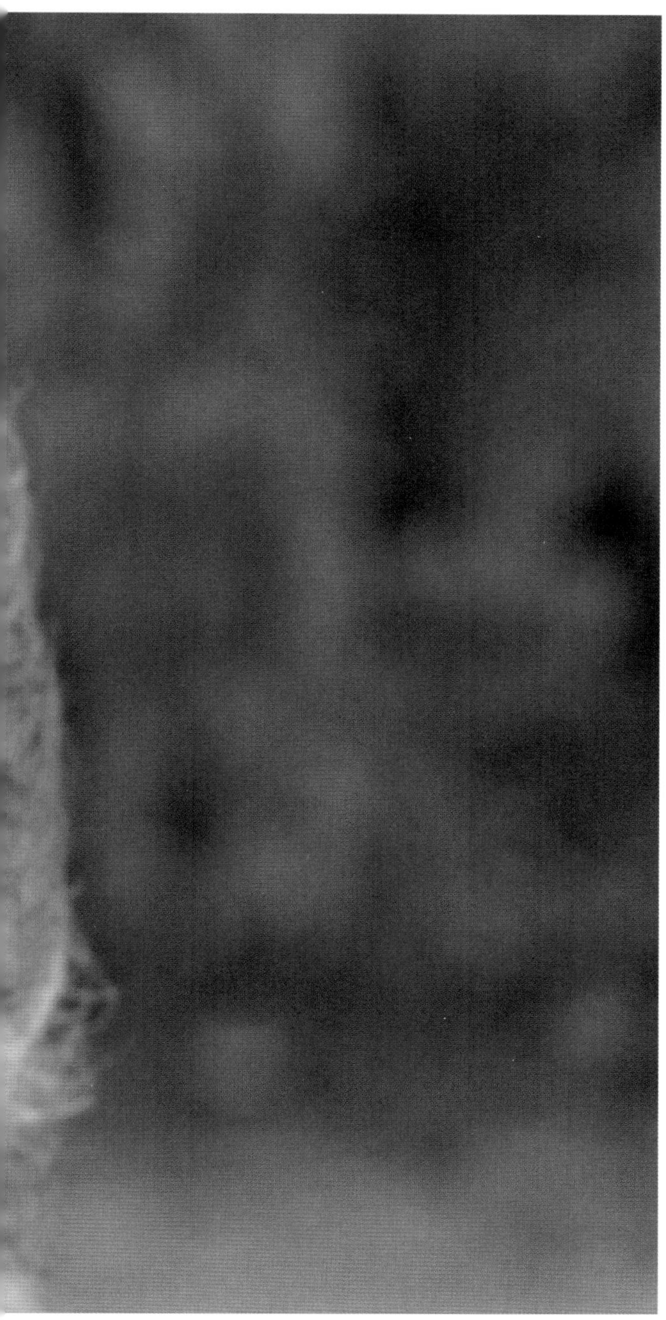

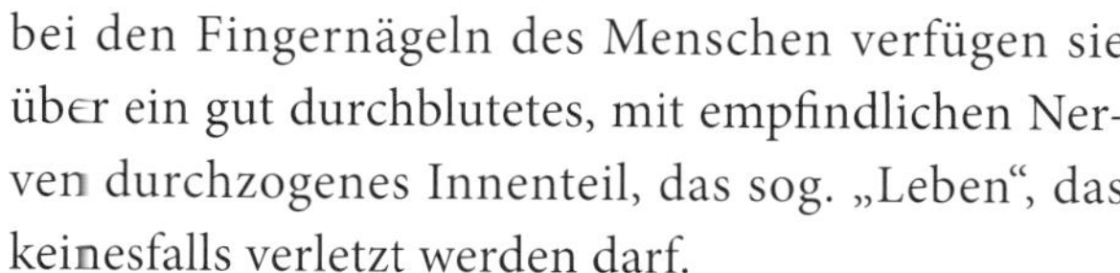

bei den Fingernägeln des Menschen verfügen sie über ein gut durchblutetes, mit empfindlichen Nerven durchzogenes Innenteil, das sog. „Leben“, das keinesfalls verletzt werden darf.

Auch die Ohren sollten regelmäßig kontrolliert werden, vor allem beim Bearded Collie mit seinen Hängeohren, die nicht so gut durchlüftet sind wie die Ohren der anderen Collieartigen, was zu einem feuchtwarmen Milieu führen kann, in dem sich Milben und Pilze besonders wohl fühlen. Das kann aber auch bei den Kipp- bzw. Stehohren der anderen Collieartigen passieren. Milben und Pilze in den Ohren führen zu starkem Juckreiz und Entzündungen. Wenn sich der Hund also häufig an den Ohren kratzt, genau hinsehen und bei sichtbaren Rötungen oder Verklebungen den Tierarzt aufsuchen.

Auch Fremdkörper wie Kletten und Grannen können in den Ohren sitzen, ebenso wie Zecken, die beseitigt werden müssen. Zum Reinigen kann man die Ohren mit verdünnter Calendulatinktur (mit warmem Wasser verdünnen, damit der Alkohol verfliegt, aber vor Verwendung auf Körpertemperatur abkühlen lassen) oder mit Kamillentee befeuchteten Baumwolltüchern auswischen. Nachher nochmal mit einem trockenen Lappen nachwischen, damit keine Feuchtigkeit im Ohr bleibt. Keinesfalls sollten Sie mit den Tüchern oder geschweige denn Wattestäbchen tiefer in das Ohr eindringen, denn hierbei können Sie das empfindliche Trommelfell verletzen, was dem Hund Schmerzen und lebenslange Probleme beschert.

Manche Hunde haben sehr viele Haare in den Ohren, durch die der Abtransport des Ohrenschmalzes erschwert wird. Das Entfernen dieser Haare sollte man sich vom Tierarzt oder einem erfahrenen Hundefriseur zeigen lassen.

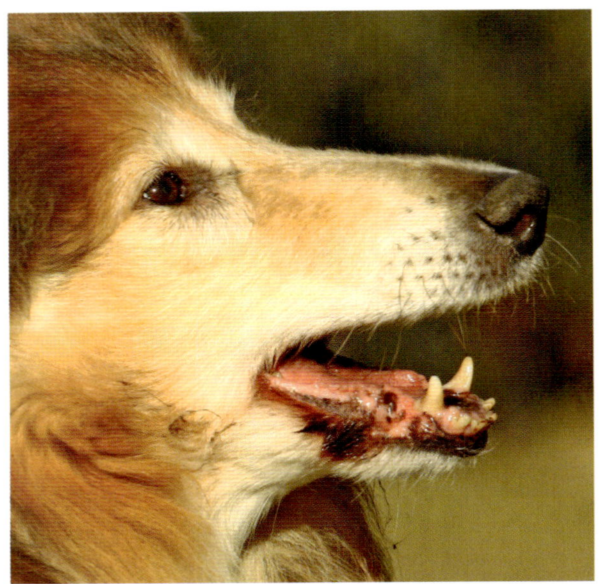

Zwei ältere Collies mit schlechten Zähnen.

Dieser Hund hat im Alter von neun Jahren strahlend weiße Zähne – ohne Zahnarzt.

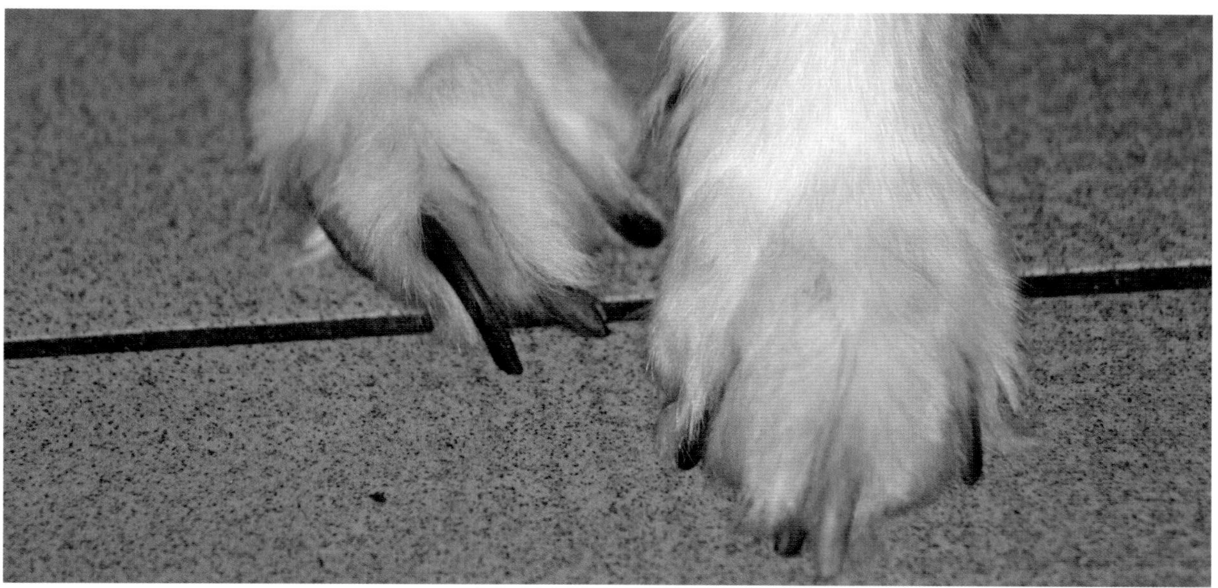

Die Hundekrallen müssen regelmäßig überprüft und ggf. geschnitten werden, wenn sie sich nicht von selbst ablaufen.

Ob und in welchem Umfang man die Zähne seines Hundes pflegen muss, hängt zum einen stark von erblichen Faktoren ab und zum anderen von seiner Ernährung. Hunde, die roh ernährt werden und auch Knochen bekommen, haben in der Regel seltener Probleme mit Zahnstein als solche, die nur kleine braune Kügelchen fressen. Was logisch ist, denn beim Kauen von Fleischstücken und Nagen an Knochen reinigen sich die Zähne, Zahnbelag und Zahnstein werden abgerieben. Zusätzlich gibt es Hunde, die stark zur Zahnsteinbildung neigen, andere hingegen nicht. Am besten lassen Sie sich vom Tierarzt beraten, der Ihnen gern Auskunft gibt, welche Art der Zahnpflege bei Ihrem Hund angemessen ist.

Bei einigen Hunden gibt es neben dem üblichen Zahnstein viel weitgreifendere Probleme mit den Zähnen. Es kommt zum Beispiel zu Fehlstellungen, Zahnausfall oder Zahnbruch. In diesen Fällen sollten Sie einen speziell ausgebildeten, veterinärmedizinischen Zahnarzt aufsuchen.

Wer Wert auf gesunde Zähne legt, sollte sich beim Welpenkauf die Zähne der alten Hunde in der Zuchtstätte ansehen, daraus kann man Rückschlüsse auf die Zahngesundheit des eigenen Welpen ziehen. Manchmal kann man das übrigens auch schon anhand der veröffentlichten Fotos der Verwandten.

Krankheiten

Grundsätzlich gibt es bei jedem Hund so viele mögliche Krankheitsbilder, dass man eine Enzyklopädie schreiben müsste, wollte man sie aufzählen. Ein Collie kann zum Beispiel ebenso wie ein Terrier, ein Herdenschutzhund oder ein Pudel HD, ED, Epilepsie oder Krebs bekommen. In diesem Kapitel möchte ich mich daher auf die Krankheiten beschränken, die bei Collieartigen vermehrt auftreten sowie auf jene, die zwar so selten sind, dass selbst viele Tierärzte sie noch nicht kennen, die aber für Collieartige dennoch typisch sind.

Das gehäufte Auftreten von Krankheiten innerhalb einer Rasse lässt sich durch Gendefekte und erbliche Dispositionen erklären. Wie schon erwähnt, sind diese insbesondere dann fatal, wenn sie erst bemerkt werden, wenn der Hund schon mehrfach gedeckt und seine kranken Gene somit weitergegeben hat. Die Anzahl der Hunde einer Rasse nimmt zwar stetig zu, aber da kaum neue Gene durch Hunde fremder Zuchtverbände eingekreuzt werden, sind die Tiere heute enger miteinander verwandt als noch vor einigen Generationen. Auch dadurch

kommen Erbkrankheiten, die früher selten waren, plötzlich häufiger zum Vorschein, vor allem solche, die rezessiv vererbt werden.

Für den Bearded Collie werden seit 1999 in den USA Daten von Hundehaltern aus aller Welt in einer Datei (Bearded Collie Foundation for Health) gesammelt, so dass es zumindest für diese Rasse einen Überblick über die Art und Häufigkeit bestimmter Krankheiten gibt, auch wenn diese auf Grund der geringen Datenmenge noch nicht repräsentativ ist. Inzwischen gibt es eine vergleichbare Datenbank von der Collie Health Foundation für Collies, die sich allerdings noch im Aufbau befindet und deshalb über noch weniger Daten verfügt.

Bevor ich die einzelnen Krankheiten beschreibe, möchte ich zum besseren Verständnis zunächst eine kurze Erklärung zu einigen Begriffen und Abkürzungen der Vererbungslehre und Medizin geben, die immer wieder vorkommen.

Allel: Der Hund hat einen doppelten Chromosomensatz und kann entweder zwei unterschiedliche Allele eines Gens oder zwei gleiche Allele des betreffenden Gens besitzen. Er bekommt von jedem Elternteil jeweils ein Allel eines Gens vererbt.

Autosomal rezessive Erbgänge: Eine Krankheit tritt nur auf, wenn der jeweilige Hund von beiden Elternteilen ein defektes Allel für die jeweilige Erkrankung vererbt bekommt. Erbt er nur von einem Elternteil ein defektes Allel und vom anderen das gesunde, wird er als Träger bezeichnet. Er kann die Krankheit weiter vererben, ist aber in der Regel selbst nicht betroffen.

Autosomal dominante Erbgänge: Schon wenn nur ein Elternteil das defekte Erbgut trägt und vererbt, kann die Krankheit bei den Nachkommen ausbrechen. Es gibt keine Träger der Krankheiten. Die Hunde sind entweder frei oder betroffen von dem Defekt, aber nicht bei jedem betroffenen Hund bricht die Krankheit auch aus. So kann sie unbemerkt weiter verbreitet werden.

Autosomal unvollständig dominante Erbgänge (intermediäre Vererbung): Die Allele eines bestimmten Merkmals verhalten sich gleichwertig zueinander. Es entsteht eine Mischung aus beiden Merkmalen.

CT = Computertomografie

MRT = Magnetresonanztomografie

Augenkrankheiten

Augenkrankheiten werden von vielen Züchtern als „Stiefkind" behandelt, denn man sieht sie dem Hund in den seltensten Fällen an. Die meisten Zuchtverbände machen es ihren Züchtern damit auch sehr leicht, indem die Augentests durch einen Augenspezialisten zu einem Zeitpunkt gemacht werden dürfen, zu dem man einige Erkrankungen gar nicht (mehr) feststellen kann. Viele Krankheiten müssen gar nicht getestet werden und fließen auch nicht in die Zuchtzulassung ein und Gentests sind sowieso nur auf freiwilliger Basis zu machen.

Hunde lernen ebenso wie Menschen, mit angeborenen Sehfehlern zu leben. Dennoch beinhalten diese eine Beeinträchtigung der Lebensqualität und haben in einer gesunden Zucht nichts zu suchen.

Collie Eye Anomaly (CEA)

Diese Erkrankung wurde erstmals beim Collie festgestellt und trägt daher den Namen „Collie Augen Anomalie". Sie kommt aber ebenso beim Border Collie und Sheltie vor.

CEA ist ein Oberbegriff für angeborene, erblich bedingte Entwicklungsstörungen des Augenhintergrundes, die in drei unterschiedlichen Schweregraden auftreten. Die Sehbehinderung hängt vom Schweregrad ab und davon, wo die Entwicklungsstörung liegt. Bei der schwersten Form kann es zu einer kompletten Erblindung durch die Ablösung der Netzhaut oder durch Einblutungen ins Auge kommen, wobei die CEA immer in beiden Augen auftritt. Die Erkrankung schreitet in der Regel nicht fort, allerdings können beide Augen unterschiedlich schwer betroffen sein.

Bei der leichteren Form der CEA, der Choroidalen Hypoplasie (CEA-CH), unterscheidet man zwischen normal (Gendefekt frei, auch non carrier genannt), carrier (Träger des Gendefektes, aber selber nicht betroffen) und affected (betroffen vom Gendefekt). Diese Klassifizierungen können nur nach einem Gentest vorgenommen werden.

CEA kann im Alter von sechs bis max. acht Wochen von einem Augenspezialisten durch eine optische Untersuchung festgestellt werden. Später kommt es zu einer Pigmentierung der darüber liegenden Schicht, so dass der Defekt von außen nicht mehr zweifelsfrei feststellbar ist. Es können nur vom Gendefekt betroffene Tiere erkannt werden. Die Träger werden grundsätzlich als Gendefekt frei eingestuft. Für die CEA-CH gibt es seit einiger Zeit einen Gentest über eine Blut- oder Speichelprobe, der in jedem Alter durchgeführt werden kann. Der Test steht für den Collie, den Border Collie und den Sheltie zur Verfügung.

Seit einige Züchter bei ihren Hunden zusätzlich zum Test durch den Tierarzt auch den Gentest durchführen, zeigt sich, dass das Testergebnis von Welpen nicht immer zuverlässig ist und sehr vom Können des jeweiligen Tierarztes abhängt. Es sind nicht wenige Hunde, die als Welpen CEA frei eingestuft wurden, aber laut Gentest doch vom Defekt betroffen sind.

CEA wird autosomal rezessiv vererbt und kann nicht behandelt werden.

Es gibt keine genauen Zahlen der betroffenen Hunde. Aus den USA gibt es Schätzungen, dass beim Collie ca. 70% aller Hunde den Defekt in sich tragen oder selber betroffen sind. Beim Border Collie sollen es etwa 3% sein, beim Sheltie unter 1%. Der Bearded Collie wird in einigen Zuchtverbänden zwar getestet, es wurden bislang aber keine Fälle von CEA bekannt.

Kolobome (gruben- oder spaltenförmige Defekte am oder um den Sehnerv) sind eine Anomalie, die bei Hunden mit CEA-CH zusätzlich auftreten kann. Sie können zu einer leichten bis starken Sehbeeinträchtigung führen, an einem Auge allein oder an beiden Augen auftreten; sie kommen bei etwa 5 — 10% der Hunde vor, die von der CEA-CH betroffen sind.

Weshalb die CEA, obwohl bisher nur ein defektes Gen bekannt ist, in unterschiedlichen Schweregraden auftritt, ist nicht genau erforscht. Es wird angenommen, dass neben dem bekannten defekten Gen noch ein oder mehrere weitere veränderte Gene für den Schweregrad einer CEA verantwortlich sind. Bis diese Gene entschlüsselt sind, ist weiterhin der Augentest beim Welpen plus Gentest notwendig, um sich einen Überblick über den Gesundheitszustand des Hundes zu verschaffen.

Katarakt, Grauer Star

Katarakt (das Wort stammt aus dem Griechischen und bedeutet u.a. trübes Wasser) ist ein Sammelbegriff für alle Arten von lokalen oder kompletten Linsentrübungen. Man unterscheidet kongenitale Linsentrübungen, die von Geburt an vorhanden sind und erworbene Linsentrübungen. Der bei Hunden am häufigsten vorkommende Katarakt ist der Graue Star, der in der Regel erblich bedingt ist, aber auch zum Beispiel Folge einer anderen Augenkrankheit sein kann sowie durch Diabetes, eine Verletzung oder Vergiftung ausgelöst werden kann.

Auf dem Foto Seite 148/149 sieht man neben den Lichtreflexen im rechten Auge auch eine lokale Trübung durch einen Katarakt.

Der Katarakt kann nicht medikamentös behandelt werden. Wenn die Sehbeeinträchtigungen schwerwiegend sind oder der Hund zu erblinden droht, kann man die getrübte Linse operativ entfernen und durch eine künstliche ersetzen.

Mikrophthalmie

oder auch Mikrophthalmus ist eine Hemmungsfehlbildung, ein vorzeitiger Entwicklungsstillstand. Die Mikrophthalmie ist genetisch bedingt oder wird als Embryo erworben, sie ist eine ein- oder beidseitige Kleinheit des Augapfels (etwa 2/3 der normalen Größe) bis hin zu nicht mehr vorhandenen Augäpfeln (Anophthalmie). Beim Hund geht man überwiegend von einer erblichen Ursache aus, der genaue Erbgang ist aber nicht erforscht.

Sie tritt auch im Zusammenhang mit dem Merle Syndrom auf. Durch die Doppelung des Merle Gens kann es zu einer Mikrophthalmie bei den Welpen kommen.

Die Mikrophthalmie ist nicht behandelbar und die Sehbehinderung hängt stark von dem Zeitpunkt ab, an dem die Entwicklung zum Stillstand kam. Bei sehr frühen Störungen können weitere Sehbeeinträchtigungen wie z.B ein Katarakt oder eine Fehlentwicklung der Netzhaut auftreten.

Beim Menschen gelten als äußere Ursachen eine Rötelninfektion der Mutter, Toxoplasmose oder eine Schädigung durch Röntgenstrahlen als gesichert. Man hat im Tierversuch Mikrophthalmie durch Vitamin A-freie Ernährung des Muttertieres oder einen Sauerstoffmangel während der Trächtigkeit hervorgerufen.

Membrana Pupillaris Persistens (MPP)

wird auch als Persistierende Pupillarmembran (PPM) bezeichnet.

Beim Embryo ist die Linse von einem Blutgefäßnetz umgeben, der Pupillarmembran. Normalerweise bildet sich diese Membran nach der Geburt vollständig zurück, bis etwa zum Zeitpunkt, an dem die Welpen die Augen öffnen. Geschieht das nicht, bleiben Reste zurück und man spricht von einer Membrana Pupillaris Persistens. Es entstehen Trübungen auf der Linse oder der Hornhaut, wodurch es zu einer unterschiedlich starken Sehbehinderung kommen kann, je nach Größe der verbliebenen Membranreste. Diese Rückbildungsstörung ist angeboren, kann spontan auftreten oder erblich bedingt sein und wird mit Hilfe eines Spaltlampenbiomikroskopes von einem Augenarzt festgestellt. Diese Rückbildungsstörung kann bei allen Collieartigen vorkommen, eine Therapie ist nur bei schweren Sehbehinderungen nötig.

Progressive Retina Atrophie (PRA)

Die PRA ist eine fortschreitende, aber schmerzfreie, erblich bedingte Degeneration der Netzhaut (Retina). Die Ursache ist ein Gendefekt, der immer zur Erblindung des Hundes führt.

PRA tritt bei vielen Rassen auf, unterscheidet sich aber im Zeitpunkt des Ausbruches, in der Schnelligkeit des Fortschreitens der Krankheit und durch das auslösende defekte Gen.

Der Verlust der Sehkraft ist schleichend und wird vom Hund meist kompensiert, daher stellt der Halter diese Erkrankung oft erst im fortgeschrittenen Stadium fest. Die Krankheit beginnt mit schlechterem Sehen bei Dunkelheit (Nachtblindheit), dann kommt es zum Verlust der Anpassung des Sehvermögens an die Dämmerung. Der Hund verhält sich unsicher, vor allem in fremder Umgebung. Im fortgeschritteneren Stadium fallen die geweiteten, großen Pupillen und schlechteres Sehen bei Tage auf. Oft entsteht zusätzlich ein Katarakt.

Diagnostiziert wird die PRA durch das Weitstellen der Pupillen mit Hilfe eines indirekten Ophthalmoskops von einem Fachtierarzt für Augenkrankheiten. Untermauert werden kann die Diagnose mit einem Elektroretinogramm (ERG), dabei werden die elektrischen Ströme gemessen, die von der Netzhaut ausgehen, wozu der Hund in Narkose gelegt werden muss.

PRA wird beim Collieartigen autosomal rezessiv vererbt (bei anderen Rassen wird es autosomal dominant oder übers X-Chromosom vererbt) und kann nicht behandelt oder aufgehalten werden.

Beim Langhaar und Kurzhaar Collie wurde das betreffende defekte Gen lokalisiert und so gibt es einen Gentest. An der Lokalisierung des defekten Genes der anderen Rassen wird geforscht.

Retinadysplasie (RD)

auch Netzhautdysplasie genannt. Die RD hat entweder eine erbliche Ursache (die am häufigsten vorkommende Form) oder wird duch eine Virusinfektion, verschiedene Medikamente, ein Trauma des Embryos oder einen Vitamin A-Mangel während der Trächtigkeit hervorgerufen. Vererbt wird sie autosomal rezessiv, was bedeutet, dass es auch hier wieder Hunde gibt, die die Krankheit tragen, selbst nicht erkrankt sind, sie aber weiter vererben. Die Träger sind mit den üblichen Augenuntersuchungen (Funduskopie) nicht festzustellen, es gibt keinen Gentest, um sie zu lokalisieren. Die RD kann zusammen mit anderen Augenkrankheiten auftreten.

Bei der RD entstehen graue Punkte oder Flächen auf der Netzhaut, bis hin zur Ablösung der Netzhaut. Man unterscheidet mehrere Schweregrade, wobei die leichte Form, die fokale (herdförmige) RD und die multifokale (an mehreren Stellen auftretende) RD1, nur zu leichten oder gar keinen Sehbeeinträchtigungen führen, je nachdem, wo sie auftreten. Bei den Graden 2 und 3, bei der geographischen (großflächigen) RD2 und bei der totalen RD3, kommt es meistens zu einer vollständigen Erblindung des Hundes. Die Krankheit verläuft nicht fortschreitend. Wenn die grauen Stellen auf der Netzhaut zu einer Sehbeeinträchtigung führen, kann man bei leichten Fällen versuchen, sie mit Hilfe einer Laserbehandlung zu entfernen.

Langhaar Collie mit Diskoidem Lupus erythematodes (DLE), auch Collienose genannt.

Autoimmunkrankheiten

Ein gesundes Immunsystem hat gelernt, zwischen fremden und eigenen Zellen zu unterscheiden. Seine Aufgabe ist es, Eindringlinge wie zum Beispiel Viren, Bakterien und Pilze anzugreifen und zu vernichten. Es richtet sich aber nicht gegen Zellen des eigenen Körpers. Bei Autoimmunerkrankungen ist diese Funktion gestört und das Immunsystem greift auch körpereigene Strukturen an und bildet Antikörper gegen eigenes Gewebe.

Die Veranlagung für Autoimmunkrankheiten wird vererbt, es braucht aber immer einen Auslöser, einen so genannten Trigger, damit die Erkrankung auch ausbricht. Diese Trigger sind je nach Autoimmunerkrankung sehr unterschiedlich, es können Medikamente, Impfungen, Umwelteinflüsse wie Sonne oder Umweltgifte, Hormone (Läufigkeit, Trächtigkeit) oder andere Erkrankungen sein.

Für die Zucht sind Autoimmunkrankheiten ein Problem, da sie oftmals erst zum Ausbruch kommen, wenn der betreffende Hund schon zum Zuchteinsatz gekommen ist. Leider sind alle diese Krankheiten noch nicht genetisch nachweisbar, so dass eine gezielte Selektion vor dem Zuchteinsatz nicht möglich ist. Daher bleibt dem verantwortungsbewussten Züchter nur, die Hunde und deren Nachkommen aus der Zucht zu nehmen, wenn die Krankheit ausbricht, um ein Ausbreiten zu verhindern. Leider wird das aber nur selten beherzigt.

Ich werde hier die am häufigsten vorkommenden Autoimmunkrankheiten kurz und so einfach wie möglich beschreiben. Die meisten dieser Krankheiten kommen auch beim Menschen vor (treten dort ebenfalls familiär gehäuft auf), so dass sich betroffene Hundehalter im Internet bei Selbsthilfegruppen für Menschen wertvolle Tipps holen können. Es ist nicht alles 1:1 übertragbar, aber vieles abgewandelt und an den Hund angepasst zu verwenden.

Inflammatory Bowel Disease (IBD)

auf deutsch: chronisch entzündliche Darmerkrankung. Es handelt sich um eine nicht ganz seltene Erkrankung bei Hunden, die nicht einfach zu diagnostizieren ist.

Symptome sind unter anderem Erbrechen, Durchfall, Appetitlosigkeit und Gewichtsverlust. IBD umfasst eine ganze Gruppe von Darmveränderungen. Die Ursache für diese Entzündungen ist nicht bekannt. Häufig liegen ebenfalls eine starke Besiedlung des Darmes mit Bakterien und eine Futtermittelunverträglichkeit vor, wobei nicht geklärt ist, ob diese die Auslöser oder Folgen der IBD sind.

Die Diagnose erfolgt über eine Ausschlussmethode, indem man alle anderen Ursachen für Durchfall und Erbrechen medizinisch ausschließt, was sehr langwierig sein kann.

Behandelt wird IBD mit speziellen Diäten, Entzündungshemmern und Antibiotika. Wie bei allen chronischen Erkrankungen kann auch hier die klassische Homöopathie gute Dienste leisten. IBD ist in der Regel nicht heilbar und bedarf meistens einer lebenslangen Behandlung.

Lupus erythematodes

Der Lupus erythematodes ist eine Sammelbezeichnung für Autoimmunkrankheiten, bei denen das Immunsystem körpereigenes Bindegewebe angreift. Er zählt, wie die Dermatomyositis, zu den Kollagenosen.

Es gibt beim Hund hauptsächlich zwei Formen, den diskoiden (scheibenförmigen) Lupus erythematodes (DLE) und den systemischen Lupus erythematodes (SLE), die beide ebenfalls beim Menschen vorkommen und auch da familiär gehäuft auftreten.

Laut einer Erhebung aus den USA tritt beim Bearded Collie der SLE häufiger auf als der DLE, wohingegen beim Collie und Sheltie der DLE häufiger auftritt als der SLE. Für den Border Collie liegen keine Angaben vor. Wobei „häufig" relativ ist, da diese Autoimmunerkrankungen eher selten sind.

Diskoider Lupus erythematodes (DLE)
auch Collienose genannt, ist die häufiger auftretende Form. Es handelt sich um eine chronisch verlaufende Hautentzündung, die überwiegend bei Hündinnen auftritt. Als Ursache wird eine genetische Disposition vermutet, die durch gewisse Faktoren wie zum Beispiel Viruserkrankungen, starke Sonnenbestrahlung, Medikamente, Stress sowohl seelischer als auch körperlicher Natur und Hormonumstellungen (Trächtigkeit, Läufigkeit) ausgelöst werden kann.

Symptome sind entzündete Stellen, meist zuerst auf dem Nasenspiegel und anderen Stellen am Kopf, die sich röten und schuppen. Es entsteht ein „Randwall" mit eingesunkenem Tal. Nach der Abheilung bleiben die Stellen depigmentiert und haarlos, sie sind empfindlich und können immer wieder aufbrechen und bluten. Der DLE kann alle von der Sonne beschienenen Körperstellen befallen. Deshalb ist es wichtig, betroffene Hunde vor Sonne zu schützen.

Der DLE kann in seltenen Fällen auch die Netzhaut befallen, daher sind regelmäßige Untersuchungen bei einem Tierarzt angeraten, der sich auf Augenkrankheiten spezialisiert hat.

Diagnostiziert wird der DLE durch Hautbiopsien und Antikörpernachweise im Blut. Er ist nicht heilbar, aber in der Regel gut zu therapieren, so dass die Hunde relativ normal leben können.

Systemischer Lupus erythematodes (SLE)
Der systemische Lupus erythematodes, der Organ Lupus, ist eine schwere und lebensbedrohliche Form, die alle inneren Organe befallen kann. Er tritt über-

wiegend bei Hündinnen auf. Was genau die Krankheit auslöst, ist nicht zweifelsfrei geklärt, als Auslöser gelten aber dieselben Faktoren wie beim DLE.

Die Diagnose des SLE ist erheblich schwieriger zu stellen, da es keine einheitlichen Symptome gibt. Der SLE kann die Symptome vieler anderer Krankheiten haben. Es können nicht nur an der Haut sichtbare Veränderungen auftreten (die aber auch gänzlich fehlen können), sondern auch alle inneren Organe befallen sein.

Die Krankheit tritt in der Regel in Schüben auf, wobei die Abstände zwischen ihnen unterschiedlich lang sein können, manchmal Wochen, in manchen Fällen auch Jahre. Die Hunde leiden unter einem schlechten Allgemeinbefinden (Müdigkeit, Gewichtsverlust, Leistungsschwäche, Übelkeit, Gelenkschmerzen).

Diagnostiziert wird mit einem Nachweis von Antikörpern gegen körpereigenes Gewebe, auch Hautbiopsien kommen zum Einsatz, weiter Untersuchungen von Herz, Lunge, Verdauungstrakt, Gefäßen usw. Es sind viele Spezialuntersuchungen nötig, um eine gesicherte Diagnose zu stellen.

Die Therapie setzt darauf, die Produktion der Antikörper zu senken, was in der Regel über Immunsuppressiva und Glucocorticoide erreicht wird. Da die Symptome sehr unterschiedlich sein können, muss die Therapie dem Krankheitsverlauf angepasst werden.

Der SLE ist nicht heilbar und kann tödlich enden.

Morbus Addison

ist eine primäre Nebennierenrindeninsuffizienz, bei der es sich um eine Unterfunktion der Nebennierenrinde handelt. Dort werden Steroidhormone (Cortisol, Aldosteron, Sexualhormone) produziert.

Die Gründe für eine Entstehung sind unterschiedlicher Art. Der größte Teil ist eine autoimmun bedingte Form mit erblicher Disposition, bei der Antikörper gegen die Cortison produzierenden Zellen der Nebennierenrinde gebildet werden. Die Ursache für die Entstehung ist unbekannt. Morbus Addison kann aber auch in Folge von Tumoren oder Infektionskrankheiten wie Tuberkulose oder einer Meningokokkeninfektion entstehen.

Die Symptome sind leider eher unspezifisch, wie Appetitverlust, Mattigkeit, Erbrechen, Durchfall, Gewichtsverlust, Muskelschwäche mit Zittern.

Diagnostiziert wird Morbus Addison über die Werte von Natrium, Kalium und Cortisol im Blutbild. Die Diagnose wird durch den ACTH-Stimulationstest abgesichert.

Behandelt werden muss Morbus Addison lebenslang durch Gabe der fehlenden Hormone in Form von Tabletten. Unbehandelt führt Morbus Addison zum Tod. Richtig eingestellt kann der betroffene Hund ein langes und glückliches Leben führen. Die Einstellung muss aber regelmäßig kontrolliert werden.

Morbus Addison ist, laut den Daten aus den USA, die beim Bearded Collie am häufigsten auftretende Autoimmunerkrankung, wobei die Zahl der betroffenen Beardies bei unter 5% der dort gemeldeten Hunde liegt.

Myositiden

Unter Myositiden versteht man verschiedene entzündliche Muskelerkrankungen, die zum einen bekannte Auslöser wie Bakterien oder Einzeller haben können (hierzu zählt zum Beispiel Borreliose oder Toxoplasmose), aber auch als idiopathische (mit unbekannter Ursache) Myositiden vorkommen, bei denen eine erbliche Komponente wahrscheinlich ist. Die häufigsten Formen der idiopathischen Myositiden bei den Collieartigen sind:

Dermatomyositis (DM)

Die Abkürzung DM wird ebenfalls für die Degenerative Myelopathie verwendet, was zu Missverständnissen führen kann.

Hierbei handelt es sich um eine entzündlich-rheumatische Autoimmunerkrankung, die zu den Kollagenosen gehört (chronisch-rheumatische Bindegewebserkrankungen der Gruppe des Weichteilrheumatismus, bei denen insbesondere die zum großen Teil aus Kollagen bestehenden Wände der Blutgefäße betroffen sind). Symptome treten in Form von Entzündungen der Haut und der Muskulatur auf. Am häufigsten kommt die Erkrankung beim Collie und Sheltie vor, seltener beim Bearded Collie und Border Collie. Nach einigen Beschreibungen kommen beim Sheltie meist nur die Hautprobleme vor, ohne den Muskelschwund.

Was die Erkrankung auslöst (aber nicht die Ursache ist, wie oben unter Autoimmunkrankheiten erläutert), ist nicht zweifelsfrei geklärt. Diskutiert wird ein Zusammenhang mit einer Virus- oder Bakterieninfektion, vereinzelt kommen auch Medikamente und Impfungen als Auslöser vor. Die Krankheit verläuft in Schüben, wobei Haut- und Muskelprobleme durchaus nicht gleichzeitig auftreten müssen.

Über den Erbgang von Dermatomyositis gibt es widersprüchliche Informationen, die Mehrheit der Wissenschaftler geht von einem autosomal dominanten Erbgang aus, so dass es keine Träger, sondern nur betroffene und nicht betroffene Tiere gibt, wobei nicht bei jedem betroffenen Tier die Krankheit auch ausbricht.

Die DM kann als reine Autoimmunerkrankung auftreten, aber häufig auch gekoppelt mit anderen schweren Erkrankungen wie Krebs oder anderen Autoimmunerkrankungen. Erste Symptome treten oft bereits zwischen der siebten und zwölften Woche auf, in Form von wie Abschürfungen aussehenden Wunden im Gesicht mit Haarverlust an den Ohren, den Beinen und der Rute. Im weiteren Verlauf der Krankheit kann es zu Muskelschwund vor allem am Kopf und an der Hinterhand kommen. Der Muskelschwund tritt in der Regel symmetrisch auf. In etwa 1/3 der Fälle kommt es zu einer Beeinträchtigung der Lunge und/ oder des Herzens, was sich in Kurzatmigkeit und verringerter Belastbarkeit äußert.

Diagnostiziert wird DM in erster Linie durch Gewebeproben und Blutuntersuchungen, aber auch aufwendigere Diagnostiken wie MRT und CT können notwendig werden.

Behandeln kann man DM nur symptomatisch. In der Regel wird eine Cortisontherapie kombiniert mit weiteren Medikamenten durchgeführt. Das kann problematisch sein, wenn weitere Erkrankungen vorliegen, da Cortison die Immunabwehr unterdrückt. Weiter kann man unterstützend Physiotherapie einsetzen, um den Muskelschwund zu verlangsamen.

Da diese Krankheit nicht sehr oft vorkommt, werden die ersten Symptome häufig falsch gedeutet, zum Beispiel als Sarkoptes, Demodex, Allergien, Lupus erythematodes oder Leishmaniose. Daher vergeht oftmals wertvolle Zeit bis zu einer gesicherten Diagnose. Die Lebenserwartung von betroffenen Tieren hängt sehr vom Schweregrad und dem frühzeitigen Erkennen ab. Oftmals werden sie keine drei Jahre alt. Es kommen aber auch weniger schwer verlaufende Fälle vor, die mit der Krankheit alt werden. In manchen, ganz wenigen Fällen verschwindet die Krankheit auch wieder.

In den USA wird an der Identifizierung der beteiligten Gene geforscht.

Polymyositis (PM)
Bei der Polymyositis (ebenfalls eine Kollagenose) treten dieselben Symptome auf wie bei der DM, außer den Verkrustungen und Entzündungen an der Haut. Es handelt sich dabei aber um zwei verschiedene Krankheiten und nicht um zwei Formen einer Krankheit. Sie haben lediglich die gleichen Symptome und werden ähnlich diagnostiziert.

Erste Anzeichen für eine Polymyositis sind zunehmende Muskelschwäche überwiegend an den Beinen und am Rumpf, in der Regel symmetrisch auftretend, Schmerzen in den Muskeln, ausgeprägte Steifigkeit nach Ruhephasen, eine erweiterte Speiseröhre und vermehrtes Aufstoßen.

Der Erbgang beim Hund ist bislang nicht erforscht. Die Polymyositis kommt seltener vor als die Dermatomyositis. Die Behandlung erfolgt ähnlich der DM.

Symmetrische lupoide Onychodystrophie (SLO)

Bei ihr handelt es sich um eine Autoimmunkrankheit, bei der die Krallen betroffen sind. Sie spalten sich und fallen aus, es entstehen Krallenbettinfektionen, wobei nur eine Kralle oder mehrere an einer oder allen Pfoten betroffen sein können. Wenn die Krallen ausgefallen sind, wachsen sie eine Zeit lang wieder nach, um dann wieder auszufallen. Dieser Kreislauf muss durchbrochen werden.

Die Erkrankung kann sehr schmerzhaft sein. Mögliche erste Symptome sind, dass der Hund anfängt zu humpeln, sich dauernd die Krallen schleckt, dort Entzündungen auftreten und Krallen ausfallen. Die auslösende Ursache ist nicht bekannt, eine erbliche Disposition wird vermutet.

Die genaue Diagnose erfolgt über eine Biopsie einer Kralle, was aber im Klartext heißt, dass sie amputiert werden muss. In der Regel ist das aber nicht nötig, denn ein erfahrener Tierarzt kann die Diagnose anhand der sichtbaren Symptome stellen unter Ausschluss anderer möglicher Ursachen wie Pilz- oder Bakterieninfektion. Die Symptome können auch bei anderen Krankheiten auftreten, u.a. beim SLE.

Behandelt wird mit essenziellen Fettsäuren (Omega 3), vor allem mit EPA, die zum Beispiel in Fischöl vorkommen, und mit Vitamin E + B, im entzündlichen Stadium auch Antibiotika und Cortison. Das kann zum Abklingen der Symptome führen. Die Krankheit ist nicht heilbar, ist aber in den meisten Fällen mit einer richtigen Ernährung und bei richtiger Einstellung der Medikamente gut in den Griff zu bekommen.

Einzelne Fälle von SLO werden beim Bearded Collie beschrieben.

Degenerative Myelopathie (DM)

Hierbei handelt es sich um eine Degeneration des Rückenmarks, die nicht schmerzhaft ist, aber auf Dauer zur Lähmung der Hinterhand führt. Erste Anzeichen sind unkoordinierte Bewegungen, Schleifen lassen der Hinterhand und gestörte Reflexe der Hinterhand. Da diese Symptome auch bei anderen Erkrankungen auftreten, wie zum Beispiel bei dem Cauda-equina-Syndrom, ist eine Diagnose nicht einfach und gesichert nur mit Hilfe eines MRT möglich.

Degenerative Myelopathie wird mit unvollständiger Penetranz autosomal rezessiv vererbt, was bedeutet, dass trotz vorhandenem Gendefekt die Erkrankung nicht bei jedem betroffenen Hund ausbrechen muss. Was genau dazu führt, dass die Krankheit ausbricht, ist nicht sicher geklärt. Meist kommt es dazu zwischen dem fünften und achten Lebensjahr, sehr selten bei jüngeren Hunden. Aufhalten lässt sich die Krankheit nicht, man kann nur versuchen, die Muskeln mit Hilfe einer regelmäßigen Physiotherapie zu stärken.

Wie bei allen autosomal rezessiven Erbgängen gibt es auch hier drei Genotypen: frei, Träger und betroffen. Seit einiger Zeit ist ein Gentest verfügbar, mit dem das mutierte Gen nachgewiesen werden kann, so dass in der Zucht darauf Rücksicht genommen werden könnte – was aber momentan noch eher selten geschieht und bislang sehr wenige Hunde getestet sind.

Diese Erkrankung kommt bei allen Rassen vor, ist bei den Collieartigen bisher aber vornehmlich beim Collie in Erscheinung getreten.

Ceroid Lipofuscinosis (CL)

ist eine sehr seltene Krankheit, die bei den britischen Hütehunden bislang nur beim Border Collie beschrieben ist. Sie wird auch als Speicherkrankheit bezeichnet. Den Hunden fehlt ein Enzym, wodurch sich Stoffwechselabfallprodukte (die so genannten Ceroid Lipofuscine) in den Zellen des Gehirns sammeln.

Erste Krankheitssymptome treten meist ab dem 15. Lebensmonat auf. Die Hunde zeigen unsicheres Verhalten, Bewegungs- und Konzentrationsstörungen und sonderbares Verhalten wie zum Beispiel Wutanfälle, Desorientierung und Hyperaktivität. Mit fortschreitender Krankheit erblinden die Hunde. Manchmal erscheinen die Symptome auch wie die einer Epilepsie.

CL ist derzeit nicht behandelbar und verläuft immer tödlich. Betroffene Hunde werden selten älter als dreieinhalb Jahre. CL wird autosomal rezessiv vererbt, die Träger zeigen keinerlei Beeinträchtigungen. Es gibt einen Gentest.

Grey Collie Syndrome (GCS)

auch Canine Zyklische Neutropenie genannt, ist eine in Europa selten vorkommende Blutkrankheit. Fälle von GCS sind aus den USA bekannt. Welpen, die diesen Defekt erben, sind in der Regel kleiner und schwächer als ihre Wurfgeschwister und können ab etwa der achten Lebenswoche Symptome wie Fieber, Durchfall, Gelenkerkrankungen und Infektionen der Schleimhäute und Atemwege entwickeln.

Ursache ist eine Anomalie der Stammzellen im Knochenmark, die für die Blutbildung zuständig sind. Das Immunsystem der Hunde funktioniert durch diese Fehlfunktion (Verminderung der neutrophilen Granulozyten-Teile der weißen Blutkörperchen) nicht richtig, die Folge sind immer wiederkehrende Infektionen, an denen die Hunde oftmals bereits als Welpen versterben. Selten werden Hunde mit diesem Defekt älter als zwei Jahre.

Den Namen bekam die Krankheit, weil die betroffenen Welpen eine graue bzw. hellbraune Nase haben, aber niemals eine schwarz pigmentierte wie die gesunden Hunde. Sie sind in der Regel von der Fellfarbe erheblich heller als ihre Wurfgeschwister.

Dieser Defekt wird autosomal rezessiv vererbt und kommt beim Collie, Border Collie und Sheltie vor. Einen Gentest gibt es für den Collie.

Merle Syndrom/ Merle Faktor

Das Merle Gen ist eine Mutation des Silver Locus Gens, das, vereinfacht beschrieben, für einen Teil der Pigmentierung der Haare verantwortlich ist. Das Merle Gen verdünnt eines der beiden Pigmente, das für die Haarfarben Schwarz und Braun zuständig ist. So entsteht die für das Merle Gen typische Scheckung in der Fellfarbe.

Wird dieses Merle Gen von beiden Elterntieren vererbt, doppelt es sich in 25% der Nachkommen und führt zu einem starken Pigmentverlust, den wir als Weiß wahrnehmen. Dieser Pigmentverlust kann zu diversen Defekten an den Augen, wie Mikrophthalmie oder Anophthalmie, Defekten am Innenohr mit einem verminderten Hörvermögen bis hin zur Taubheit führen. Auch Gleichgewichtsstörungen sind damit verbunden.

Weißtiger Hündin, ohne Augäpfel und fast taub geboren – sie orientiert sich mit der Nase.

Es kann auch zu einer geistigen Unterentwicklung im Verhältnis zu den gesunden Geschwistern und weiteren Schäden an inneren Organen kommen. Ein Teil der so genannten Weißtiger (der Begriff stammt aus der Dackel- und Doggenzucht, wo es getigerte Hunde gibt und das Merle Syndrom ebenfalls auftritt) stirbt bereits im jugendlichen Alter. Es gibt vereinzelt auch Weißtiger, die keinen dieser Defekte aufweisen.

Das Merle Gen wird unvollständig dominant vererbt. Erbt ein Hund nur von einem Elternteil das Merle Gen, treten keine gesundheitlichen Beeinträchtigungen auf. Allerdings gibt es immer wieder Berichte, dass auch Träger des Merle Gens von Taubheit bzw. Schwerhörigkeit betroffen sein können, was allerdings bislang nicht wissenschaftlich belegt ist.

Die doppelmerle Zucht ist in Deutschland in allen Zuchtverbänden verboten. Es kommt aber immer wieder versehentlich/ unwissentlich dazu, da manche Merle Hunde im jungen Alter nicht erkannt und dann mit Blue Merle oder Red Merle verpaart werden. Probleme treten auch auf, wenn weitere Gene für Farbverdünnungen eine Rolle spielen, wie beim Border Collie, wo Farben auch unabhängig vom Merle Faktor verdünnt oder maskiert auftreten können. Dort kann es dann ebenfalls passieren, dass merlefarbene Hunde nicht erkannt werden.

MDR 1 Defekt

Beim MDR 1 (multiple-drug-resistance) Defekt fehlt den betroffenen Hunden das P-Glycoprotein, ein Transportprotein.

Das P-Glycoprotein ist beim Abtransport und der Verteilung bestimmter körperfremder Stoffe, die aus der Blutbahn in Zellen von Organen (Gehirn, Leber, Niere, Darm) eingedrungen sind, beteiligt. So schützt der MDR 1 Transporter die wichtigen Organe vor Überladung mit toxischen Stoffen. Fehlt dieses Protein, kann es bei der Aufnahme relevanter Wirkstoffe zu starken neurotoxischen Nebenwirkungen bis hin zum Tod des Hundes kommen.

Die Universität in Washington hat teilweise auch bei Trägern des Defektes Beeinträchtigungen bei der Verabreichung bestimmter Wirkstoffe festgestellt, allerdings nicht in dem Umfang wie bei Hunden mit Defekt. Es wird vermutet, dass die Träger unterschiedliche Mengen des P-Glycoproteins besitzen, was sie mehr oder weniger anfällig für toxische Überladungen macht.

Der MDR 1 Defekt wird autosomal rezessiv vererbt.

Nähere Informationen kann man auf der Website der in Deutschland an diesem Defekt forschenden Universität Gießen nachlesen.
http://www.vetmed.uni-giessen.de/pharmtox/index.html

Der MDR 1 Defekt wurde beim Collie, Border Collie und Sheltie sowie deren Mischlingen gefunden. Einzig beim Bearded Collie konnte der Defekt bislang nicht nachgewiesen werden.

Mit Abstand am häufigsten betroffen ist der Lang- und Kurzhaar Collie. Dabei handelt es sich offensichtlich um ein Problem, das nicht gleichmäßig in der Population verteilt ist, sondern stark linien- und verbandsabhängig ist, was die Zahlen von Lang- und Kurzhaar Collies deutlich machen, die freundlicherweise vom Tierschutzverein Collie in Not e.V. zur Verfügung gestellt wurden.

Dort werden seit 2004 alle aufgenommenen und weiter vermittelten Collies getestet, so dass inzwischen (Stand Sommer 2011) die Daten von 255 Lang- und Kurzhaar Collies vorliegen. Davon sind 31,4% defektfrei, 45,5% Träger und 23,1% vom Defekt betroffene Hunde. Diese Zahlen stellen sich nach Herkunft der Hunde aufgelistet allerdings deutlich anders dar:

MDR 1 Status	Collies aus VDH Verbänden	Collies aus anderen Verbänden und ohne Verband	Collies ursprünglich aus dem Ausland
	75 Collies	135 Collies	45 Collies
+/+ Defekt frei	8 = 10,7%	58 = 43,0%	14 = 31,0%
+/- Träger	37 = 49,3%	60 = 44,4%	19 = 42,2%
-/- Betroffen	30 = 40,0%	17 = 12,6%	12 = 26,7%

Diese Zahlen sind nicht repräsentativ, lassen aber eine Tendenz erkennen.

Teilweise wird unter Colliehaltern und -züchtern die Meinung vertreten, dass die Problematiken, die durch den Defekt entstehen können, ganz einfach vermieden werden können, wenn alle relevanten Wirkstoffe weggelassen werden. Leider ist die Lösung eines so komplexen Problems selten so einfach. Es handelt sich, wie oben bereits erwähnt, bei dem Defekt ja nicht ausschließlich um eine Medikamentenunverträglichkeit, sondern offensichtlich sind weitere Körperfunktionen betroffen. Desweiteren sind noch lange nicht alle Stoffe bekannt, die Probleme verursachen, immer wieder tauchen neue Wirkstoffe auf. Insofern kann ein Tierarzt gar nicht alle Mittel vermeiden, weil sie ihm schlichtweg nicht alle bekannt sein können.

Bei den relevanten Wirkstoffen kann man sagen, dass sie nicht alle generell unverträglich/ verboten sind, sondern es auf eine dem Defekt entsprechend angepasste Dosierung ankommt. Deshalb alle Hunde generell mit einer niedrigen Dosierung zu behandeln, ist ebenfalls keine Lösung, weil bei den Hunden ohne Defekt die Dosierung viel zu niedrig wäre, um die gewünschten Effekte zu erzielen, und falsch dosierte Medikamente sind einer der Hauptgründe dafür, dass sich Resistenzen bei Parasiten, Bakterien und Mikroorganismen bilden, was wiederum eine Auswirkung auf alle Tiere und auch Menschen hat.

Der für die Hunde sicherste Weg ist der Versuch, den Defekt auf züchterischem Wege zu dezimieren und schließlich zu beseitigen, was auch möglich ist, da der Erbgang bekannt ist, es einen Gentest gibt, der den Status der einzelnen Hunde feststellt und eine ausreichende Zahl an Zuchttieren (zumindest in den meisten Verbänden) zur Verfügung steht, um dieses Ziel zu erreichen. Diese Möglichkeiten hat man leider bei den allermeisten anderen Gendefekten nicht, weil bei ihnen die betroffenen Gene und der Erbgang nicht eindeutig geklärt sind. Es gibt im Moment einige wenige Zuchtverbände und einzelne Züchter, die es sich zur Aufgabe gemacht haben, keine von diesem Defekt befallenen Welpen mehr zu züchten.

Trapped Neutrophil Syndrome (TNS)

TNS ist eine Erbkrankheit, bei der das Knochenmark zwar weiße Blutkörperchen produziert, diese aber nicht an den Blutkreislauf abgeben kann. Diese Krankheit ist bei den britischen Hütehunden bislang nur beim Border Collie beschrieben.

Die ersten Symptome treten bereits bei ganz jungen Welpen auf, sie haben ein geschwächtes Immunsystem und sterben meistens an einer Infektion. Die Symptome variieren je nach erfolgter Infektion, weshalb die Diagnose sehr schwierig ist. Zusätzlich sind viele Tierärzte mit dieser Krankheit nicht vertraut und das Blutbild gibt nicht immer eindeutige Hinweise auf die Krankheit.

Die betroffenen Hunde werden selten älter als zwei Jahre. TNS wird autosomal rezessiv vererbt und ist nicht behandelbar. Mittlerweile gibt es einen Gentest, so dass Verpaarungen verhindert werden können, bei denen es zu Welpen mit diesem Defekt kommen kann.

Von Willebrand (VWD)

Beim von Willebrand-Faktor handelt es sich um ein Glycoprotein, das vor allem in den Gefäßendothelien (Zellen an der Innenseite der Blut- und Lymphgefäße) gebildet und zwischengelagert wird.

Von Willebrand ist die häufigste erbliche Blutgerinnungsstörung bei Hunden. Bei den Collieartigen kommt sie überwiegend beim Sheltie vor. Man unterscheidet drei Untergruppen:

Typ 1: Die Krankheitszeichen können in jedem Alter erstmals auftreten, oft im Zusammenhang mit einer Operation. Symptome sind in erster Linie Blutergüsse, Schleimhautblutungen, Nasenbluten, verlängerte Läufigkeit. Beide Geschlechter sind gleichermaßen betroffen. Typ 1 wird unvollständig dominant vererbt.

Typ 2 und 3: Sie treten selten auf. Die mit diesem Typ betroffenen Hunde erreichen oftmals das Ende des ersten Lebensjahres nicht. Die ersten Anzeichen treten meist schon sehr früh auf. Beide Arten werden autosomal rezessiv vererbt.

Beim Sheltie treten Typ 1 und 3 familiär gehäuft auf. Beim Border Collie tritt sporadisch Typ 3 auf, einzelne Fälle wurden auch beim Collie nachgewiesen.

Diagnostiziert wird der Defekt über den Plasmaspiegel oder einen Gentest. Therapiemöglichkeiten bieten Plasmatransfusionen.

Zusammenfassende Gedanken zu den Krankheiten

Nachdem Sie sich durch ein langes Kapitel voller möglicher(!), nicht zwingend vorkommender Krankheiten gelesen haben, mag sich Ihnen die Frage stellen, ob es überhaupt Sinn macht, sich einen Collieartigen anzuschaffen, und diese Frage können nur Sie selbst beantworten.

Es sei aber erwähnt, dass die Liste bei anderen Rassen ähnlich oder noch wesentlich umfangreicher und dramatischer ausfallen würde, würde sie denn zusammengestellt. Und hier sind wir beim Kern der Sache: Oftmals finden Sie in einem Rassebuch keine ausführliche und ehrliche Beschreibung der möglicherweise vorkommenden Krankheiten. Interessenten sollen nicht verschreckt werden, Züchter wollen verkaufen. Ich habe mich ganz bewusst dafür entschieden, die Dinge beim Namen zu nennen, denn ich bin der festen Überzeugung, dass den Hunden nur durch Aufklärung und entsprechende medizinische Versorgung wirklich geholfen werden kann – und da ich ein großer Fan der Collieartigen bin, möchte ich jeden Beitrag dazu leisten, der mir möglich ist.

Die Anschaffung von Collies, Sheltie & Co.

Grundsätzliche Überlegungen

Vor der Anschaffung eines (weiteren) Hundes gibt es vieles zu bedenken. Verfügen Sie über die finanziellen Mittel, den Raum, die Zeit und, falls nötig, die Einverständniserklärung des Vermieters? Sind alle Familienmitglieder damit einverstanden, dass ein Hund einziehen soll und wurde bereits geklärt, wer welche Aufgaben bei der Versorgung, Erziehung und Pflege übernimmt? Bedenken Sie bei diesem Punkt bitte unbedingt, dass es weder erfolgversprechend noch sinnvoll ist, Kindern allzu viele Verantwortlichkeiten zu übertragen. Selbstverständlich ist es für ein Kind schön, sich mit um das neue Familienmitglied zu kümmern, aber dies muss immer unter der Aufsicht der Erwachsenen stattfinden und darf einen gewissen Rahmen nicht übersteigen. Haben Sie besprochen, dass der Hund bei

jedem Wetter raus muss, wohin er im Urlaubs- oder Krankheitsfall kann, falls er nicht im besten Falle mitkommen darf, und wer ihn übernimmt, falls Ihnen etwas zustoßen sollte? Letztere Frage ist vor allem für Singles wichtig zu klären – schließlich wollen Sie sicher nicht, dass Ihr treuer Freund und langjähriger Begleiter im Tierheim landet oder eingeschläfert wird, falls Ihnen etwas passiert.

Beantworten Sie sich diese Fragen ehrlich, denn es ist niemandem geholfen, wenn Sie glauben, das wird schon irgendwie gehen. Meist geht dieser Vorsatz schief und der Leidtragende ist dann der Hund! Selbstverständlich kann immer etwas Unvorhergesehenes dazwischen kommen, aber grundsätzlich sollten alle Voraussetzungen stimmen und Vorkehrungen getroffen sein, bevor Sie sich einen Hund anschaffen. Hunde sind keine Gegenstände, sondern Lebewesen, die man nicht einfach so hin und her schieben kann. Leider tun dies einige Menschen dennoch und gerade die sensiblen Collieartigen leiden dann sehr, wenn Bezugspersonen wegfallen/wechseln und sich Lebensumstände verändern.

Woher bezieht man (s)einen Hund?

Wenn Sie alle Fragen geklärt, alle Vorkehrungen getroffen und sich für eine Rasse entschieden haben, stellt sich die Frage, woher Sie Ihr neues Familienmitglied am besten bekommen. Diese Frage kann unter Umständen ebenso wichtig sein wie die nach der für Sie passenden Rasse. Um sie zu beantworten, sind zunächst folgende Punkte zu klären: Was

ist Ihnen wichtig? Brauchen Sie zum Beispiel unbedingt einen Hund mit Papieren, soll es ein Hund aus einer Leistungszucht oder eher einer aus einer Showlinie sein, möchten Sie einem in Not geratenen Hund aus einem Tierheim ein neues Zuhause geben oder einen Abgabehund aus der Nähe aufnehmen?

Wenn Sie einen Familienhund suchen, vor allem als Ersthundehalter, sollte dieser auch bislang in einer Familie gelebt haben, damit er die vielen Eindrücke, die Geräuschkulisse und Unruhe, die ein ganz normales Familienleben so mit sich bringen, gut kennt. Stellen Sie sich zum Beispiel vor, der Hund hätte bisher nur in einem Zwinger – oder „Hundehaus" wie Züchter es gern beschönigend nennen – gelebt und soll nun mit vier Personen im Haus leben. Sie können sich sicher vorstellen, dass in diesem Fall mit erheblichen Eingewöhnungsschwierigkeiten zu rechnen wäre. Zusätzlich ist ein solcher Hund zwar bestens sozialisiert mit Artgenossen – es sei denn, er wurde isoliert gehalten –, aber nicht so gut mit Menschen, die er kaum zu Gesicht bekommt, da er ja den größten Teil des Tages im Zwinger verräumt ist.

Wenn Sie Zwinger- und Stallhaltung grundsätzlich ablehnen, sollten Sie auch beim Hundekauf so konsequent sein, dies abzulehnen. Oftmals ist das schwierig, wenn man einen Hund, evtl. sogar einen niedlichen Welpen vor sich hat, den man am liebsten einfach nur mitnehmen möchte. Aber bedenken

Sie, dass jeder Verkauf eines Zwingerhundes mit dem Nachrücken eines neuen endet – der Händler macht sein Geschäft und viele weitere Tiere werden unter diesen unwürdigen Bedingungen leben müssen. Der einzige Weg, dies zu verhindern, ist der, den Geldhahn abzudrehen. Kaufen Sie nicht dort; wenn der Verkäufer seine „Ware Hund“ nicht mehr los wird, muss er aufhören zu züchten.

Grundsätzlich ist es auch nicht ratsam, beim ersten Kennenlernen des Hundes, egal woher er kommt, die Kinder mitzunehmen. Die Enttäuschung, falls es doch nicht zu Kauf oder Vermittlung kommt, sollten Sie ihnen ersparen.

Nehmen Sie als Ersthundehalter den Hund auch nicht beim ersten Besuch mit, sondern schlafen Sie mindestens eine Nacht über Ihre Entscheidung und lassen Sie nicht nur die emotionalen, sondern auch die rationalen Für und Wider auf sich wirken. Adoptieren oder kaufen Sie nicht aus einer momentanen Begeisterung heraus, denn es handelt sich ja nicht um ein Fahrrad oder Auto, das notfalls umgetauscht werden kann, sondern um ein fühlendes Lebewesen, das Sie für viele Jahre begleiten soll.

Sollten Sie eine sehr weite Strecke fahren müssen, um den Hund kennen zu lernen, führen Sie zuvor ausführliche Telefonate und machen Sie sich eine Checkliste, die Sie vor Ort so rational wie möglich abarbeiten.

In jedem Fall, egal ob Sie Ihren Hund von einer Pflegefamilie, vom Züchter oder aus dem Tierheim beziehen, wäre es von Vorteil, wenn Sie ihn mehrfach besuchen, bevor Sie ihn endgültig zu sich nehmen. So lernen nicht nur Sie den Hund etwas besser kennen, sondern auch dieser kann schon ein erstes Vertrauen zu Ihnen aufbauen, was die Eingliederung ins neue Zuhause erheblich erleichtert.

Schauen wir uns nun genauer an, welche Möglichkeiten sich Ihnen bieten, einen Collie, Sheltie oder Mischling dieser Rassen zu finden.

Ein Hund aus dem Tierheim

Wenn Sie einem Hund aus dem Tierheim ein neues Zuhause geben möchten, sollten Sie zunächst Erkundigungen darüber einholen, welche Tierschutzvereine Collies, Sheltie & Co. vermitteln und wie diese arbeiten, denn leider gibt es auch unter den tierschutzmotivierten Menschen sog. schwarze Schafe, die nicht ehrlich genug beraten, mangelhaft Auskunft geben oder den Hund einfach nur loswerden und die Vermittlungsgebühr kassieren wollen. Selbstverständlich gibt es auch das Gegenteil, nämlich Menschen, die ausführlich und fachlich versiert Auskunft geben und Ihnen auch nach der Vermittlung beratend zur Seite stehen. Im Internet finden Sie Informationen, vielleicht kennen Sie auch jemanden, der schon Erfahrungen mit einem Verein gemacht hat. Zusätzlich können Sie sich natürlich auf Ihren persönlichen Eindruck und Ihr Bauchgefühl verlassen.

Fragen Sie nach der Vorgeschichte des Hundes, warum er abgegeben wurde, wie viele Vorbesitzer er schon hatte und seit wann er im Tierheim ist. Lassen Sie sich den Charakter und die Vorlieben, Ängste, Probleme oder Stärken dieses Hundes beschreiben. Fragen Sie nach der Verträglichkeit mit Artgenossen, Erwachsenen, Kindern und anderen Haustieren, insbesondere wenn Sie nicht allein leben.

Lebt der Hund auf einer Pflegestelle, lassen sich diese Angaben natürlich noch exakter beschreiben als bei einem Hund, der im Tierheim lebt, da er sich hier im direkten häuslichen Umfeld befindet. In jedem Fall sollten Sie den Hund selbst besuchen und sich keinesfalls auf eine Vermittlung per Telefon oder Internet einlassen! Machen Sie sich selbst ein Bild und vergleichen Sie dieses mit dem, das Ihnen beschrieben wurde.

Auch der Gesundheitszustand und die vorhandenen Impfungen sollten erfragt werden, ebenso ob der Hund gechipt und im Zentralregister der Haustiere (TASSO e.V.) gemeldet ist.

Wenn Sie sich unsicher sind, ob der vorgestellte Hund in Ihr Leben passt, fragen Sie einen guten Hundetrainer oder einen Kenner der Rasse um Rat. Von dem Angebot, den Hund einfach mal auf Probe mitzunehmen, sollten Sie im Interesse des Hundes unbedingt Abstand nehmen. Wie geht es dem Hund damit, von Fremden mitgenommen und möglicherweise wieder zurückgebracht zu werden? Welche Spuren hinterlässt das auf seiner Seele? Und last not least: Was ist von Tierschützern zu halten, die sich darüber keine Gedanken machen?

Ein Hund aus dem Ausland

Tierschutz ohne Grenzen ist in den letzten Jahren zum Schlagwort geworden und tatsächlich ist es so, dass auch Hunde im Ausland dringend Hilfe brauchen. Einige Bekannte von mir haben Collies oder Shelties aus dem Ausland aufgenommen, es sind wunderbare Tiere dabei – aber es gibt auch Probleme, die ich Ihnen nicht vorenthalten möchte.

Zunächst einmal ist es so, dass Hunde aus dem Ausland oftmals schlimme Erfahrungen gemacht haben. Sie lebten zum Beispiel auf der Straße, mussten sich ihr Futter selbst suchen oder erjagen, wurden dabei von Menschen vertrieben, mit Steinen beworfen,

angefahren oder verprügelt. Manche haben in sog. Tötungs- oder Auffangstationen gelebt, in denen sie zu Dutzenden in enge Gehege zusammengepfercht wurden, in denen es durch Enge und Stress zu schweren Beißereien (teilweise mit Todesfolge) kam und sie jeden Tag um ihr Leben fürchten mussten. Liest man all dies, möchte man natürlich helfen, aber man sollte sich auch fragen, ob man das kann, denn an manchen Hunden sind diese traumatischen Erlebnisse nicht spurlos vorübergegangen. Sie haben Ängste, sind futterneidisch, nicht stubenrein und auch nicht gewohnt, in einem Haushalt zu leben und an der Leine begrenzt zu werden. Manche sind bei weitem nicht so sozialverträglich wie versprochen, sondern haben in den Lagern einfach nur gelernt, nicht aufzumucken, um zu überleben. In einem Zuhause angekommen, halten sie Artgenossen auf Distanz, teilweise mit heftigen Abwehrattacken. Es erfordert Einfühlungsvermögen, Fachwissen, Zeit und Erfahrung, ihnen zu helfen. Überprüfen Sie also gewissenhaft, ob Sie dieser Aufgabe gewachsen sind.

Zusätzlich müssen Sie bedenken, dass evtl. Kosten für medizinische Versorgung auf Sie zukommen, denn einige dieser Hunde sind akut oder auch chronisch krank oder haben durch die Misshandlungen Behinderungen davongetragen, die massiven medizinischen Einsatz erfordern. Selbstverständlich ist es wichtig, diesen Hunden zu helfen und ich möchte

an dieser Stelle keinesfalls den Eindruck erwecken, als würde ich mich nicht für jeden Hund von Herzen freuen, der endlich Hilfe erhält. Aber noch schlimmer ist es für ihn, wenn er keine dauerhafte Hilfe bekommt, doch wieder abgeschoben wird, weil Sie sich anfangs in Ihrem Engagement und/ oder Ihren finanziellen Möglichkeiten überschätzt haben. Wenn Sie sich nicht ganz sicher sind, ob Sie diesen Anforderungen standhalten, können Sie helfen, indem Sie zum Beispiel an eine Organisation spenden, die sich um diese Hunde vor Ort kümmert.

Trotzdem darf natürlich nicht unerwähnt bleiben, dass es auch im Auslandstierschutz Hunde gibt, die all diese Strapazen gut überstehen, freundlich, liebevoll und unkompliziert sind. Nur wissen Sie nicht, ob der von Ihnen im Internet ausgewählte Hund zu diesen gehört. Deshalb sollten Sie, wenn Sie nicht sehr erfahren und sturmerprobt im Umgang mit Hunden sind, von einer Direktvermittlung aus dem Ausland Abstand nehmen. Schon allein deshalb, weil Sie sich fast nie auf die Informationen verlassen können, die Ihnen die jeweilige Organisation gegeben hat. Dies liegt zum einen daran, dass sich die Hunde unter diesen Haltungsbedingungen natürlich ganz anders zeigen als in einem normalen häuslichen Umfeld und die Tierschützer vor Ort auch gar nicht die Zeit haben, sich mit jedem einzelnen Hund zu beschäftigen und ihn gut kennen zu lernen (es geht ums nackte Überleben!). Zum anderen liegt es aber auch daran, dass manchmal schlichtweg gelogen wird, um den Hund möglichst schnell raus zu bringen. Wie sinnvoll solche (Not-)Lügen sind, sei hier nicht weiter diskutiert...

Besser ist es also, wenn Sie mit einem Tierheim oder einer Pflegestelle in Kontakt treten, die einen solchen Hund eigenverantwortlich übernimmt. Dort ist er in Sicherheit, wird medizinisch und fütterungstechnisch versorgt und betreut – und Sie können ihn in aller Ruhe kennen lernen. Sollte er sich dann doch nicht als Ihr Traumhund herausstellen, können Sie ihm zumindest durch eine Spende helfen, wenn Sie sich engagieren möchten. Oftmals stellt sich aber auch heraus, dass der erste Anblick eines Fotos im Internet tatsächlich zu genau dem Hund führt, der die eigene Seele berührt.

Ein Hund vom Züchter

Wenn Sie sich für einen erwachsenen Hund oder einen Welpen vom Züchter entscheiden, wird Ihnen bei den Erkundigungen darüber, wie Sie einen guten Züchter finden, zunächst auffallen, dass die Meinungen bezüglich diverser Zuchtverbände weit auseinander gehen. Man kann mittlerweile nicht mehr sagen, dass man Hunde nur noch bei bestimmten Zuchtverbänden kaufen sollte, denn es gibt überall schwarze Schafe, die mit kranken und/ oder wesensschwachen Hunden züchten, auch in den großen Zuchtverbänden, die vermeintlich anderes suggerieren. Auch sind die gesundheitlichen Voraussetzungen für Zuchthunde und die freiwillig geleisteten Tests sehr unterschiedlich und teilweise vom einzelnen Züchter und nicht vom Verband abhängig. Vor allem erbliche Krankheiten werden überall gerne mal unter den Teppich gekehrt und totgeschwiegen.

Schauen Sie sich mehrere Züchter an, bevor Sie sich entscheiden; besuchen Sie diese, bevor sie Welpen haben. Achten Sie dabei darauf, wie Ihnen die erwachsenen Tiere entgegentreten. Sind sie vertrauensvoll, aufgeschlossen und freundlich oder eher misstrauisch, zurückgezogen oder sogar aggressiv? Machen sie einen gut ernährten, gesunden und gepflegten Eindruck oder versucht Ihnen der Züchter gerade zu erklären, dass sich die Hunde im Dreck am wohlsten fühlen und nur gerade heute vernachlässigt und unterernährt aussehen, es ihnen ansonsten aber super geht? Lassen

Sie sich keinesfalls für dumm verkaufen und fragen Sie genau nach!

Stellen Sie Fragen über die Hunde und achten Sie darauf, ob der Züchter bereitwillig Auskunft gibt. Seien Sie andererseits aber auch aufgeschlossen dafür, dass er Fragen an Sie als potentiellen Halter seiner Hunde hat. Hat er keine Fragen, ist auch das wieder eher kein gutes Zeichen, weil es vermuten lässt, dass es ihm völlig egal ist, wohin er seine Hunde verkauft.

Achten Sie auch darauf, wie viele Hunde gehalten werden. Sind es zum Beispiel so viele, dass eine liebevolle und individuelle Haltung nicht gewährleistet ist, nehmen Sie Abstand vom Kauf. Gleiches gilt für die Unterbringung: Lassen Sie sich zeigen, ob die Hunde mit Familienanschluss leben und ihre Unterkunft sauber und gepflegt ist.

Last not least fragen Sie genau nach dem Gesundheitszustand der Zuchttiere und nach den Ansichten des Züchters zu diversen Erbkrankheiten. Nur wenn Sie durch die Antworten den Eindruck gewinnen, dass er redlich bemüht ist, gesunde, leistungsstarke und wesensfeste Hunde zu züchten, sollten Sie einen Kauf bei ihm in Erwägung ziehen. Gleiches gilt für die Anzahl der Würfe pro Jahr. Mehr als ein bis max. zwei Würfe können nicht optimal betreut werden; bei mehreren Würfen besteht die

Gefahr, dass Sie bei einem Vermehrer gelandet sind, der nur den „schnellen Euro" verdienen will.

Um an all diese Punkte zu denken, machen Sie sich am besten vor dem Besuch Notizen, die Sie nach und nach abarbeiten. Machen Sie sich keine Sorgen darüber, dass Sie Ihr Gegenüber mit allzu vielen Fragen nerven könnten, denn ein guter Züchter wird sich über einen engagierten und gut vorbereiteten Interessenten freuen!

Sie erkennen ihn weiterhin daran, dass er für eine gute medizinische Betreuung seiner Hunde sorgt und die Welpen bereits an Alltagssituationen, Geräusche, Gegenstände usw. gewöhnt, die für ihr späteres Leben von Bedeutung sind. Hierzu gehören auch die Gewöhnung an Brustgeschirr und Leine und der vertrauensvolle Körperkontakt.

Wenn Sie einen schon älteren Hund vom Züchter kaufen, fragen Sie nach, warum der Hund noch oder wieder beim Züchter ist. War er bereits verkauft und kam zurück? Falls ja, aus welchem Grund? Handelt es sich um ein „ausrangiertes" Zuchttier, das der Züchter loswerden will, weil es ihm nicht mehr genug Profit einbringt? Oder ist es ein Junghund, der beim letzten Wurf nicht verkauft werden konnte? Falls ja, warum nicht? Wie hat er beim Züchter gelebt? Schlecht wäre, wenn er einfach in einer Gruppe von Welpen und Junghunden mitgelaufen wäre und nicht ausreichend an Umweltreize und das Leben im Haus gewöhnt worden wäre. Allerdings würde ein Züchter, der seine Hunde so hält, sowieso bei Ihrem oben erwähnten Fragenkatalog durchfallen.

Vielleicht haben Sie aber auch das Glück, bei einem sehr verantwortungsvollen Züchter zu sein, der einen von ihm verkauften Hund, der in Not geraten ist, selbstverständlich zurücknahm und nun ein gutes neues Zuhause für ihn sucht. In diesem Fall steht einem Kauf nach gegenseitigem Kennenlernen von Hund und Mensch nichts im Wege.

Ein Hund aus der Zeitung oder aus dem Internet

In Zeitungen und im Internet werden in Tierbörsen unzählige Hunde angeboten. Sie erhalten alle Rassen, Mischungen und Altersstufen, die Sie sich nur vorstellen können. Wenn Sie sich für so einen Hund interessieren, fragen Sie sehr genau nach, warum der Hund abgegeben wird. Bei den Antworten müssen Sie mit einkalkulieren, dass Ihnen nicht die Wahrheit gesagt wird, denn oftmals versuchen Halter auf diesem Weg, ihre Hunde loszuwerden, mit denen sie überfordert sind oder Probleme haben. Diese Probleme müssen übrigens nicht unbedingt dem Hund anzulasten sein! Wird der Hund zum Beispiel abgegeben, weil er die Wohnung zerstört und reinpinkelt, wenn er zehn bis zwölf Stunden täglich allein gelassen wird, ist dies nicht seine Schuld.

Im Tierschutz erlebt man es leider nicht selten, dass aus Anzeigen gekaufte Hunde relativ schnell im Tierheim landen, weil wesentliche Verhaltensprobleme nicht offen dargelegt wurden, mit denen sich der neue Halter vollkommen überfordert fühlt. Auch werden schwere gesundheitliche Probleme oftmals unterschlagen, weil die aktuellen Halter die Behandlungen nicht bezahlen können oder wollen und den Hund einfach nur ganz schnell loswerden wollen. Lassen Sie sich die Adresse des bisher aufgesuchten Tierarztes geben, um sich dort nach dem Gesundheitszustand des Hundes zu erkundigen. Hierfür muss der Halter den Tierarzt übrigens von seiner Schweigepflicht entbinden.

Einige Privatleute verdienen sich in wirtschaftlich schlechten Zeiten etwas zur Haushaltskasse dazu, indem sie Welpen produzieren oder aus billigen Quellen einkaufen und dann verkaufen. Sie werden als sog. „Unfallwürfe" oder manchmal sogar als „Edelwelpen" oder mit anderen einfallsreichen und blumigen Titeln belegt, um entweder Mitleid zu erregen oder die Welpen als etwas ganz Besonderes hinzustellen. Bei genauerem Hinsehen entpuppt sich so mancher „Unfallwurf“ als x-te Verpaarung der gleichen Eltern und ein „Edelwelpe“ als ganz normaler Mischling.

Sicherlich gibt es auch Hundehalter, die aus einer wirklichen Notlage versuchen, ein neues Zuhause für ihren Hund zu finden. Bei ihnen steht aber nicht der Preis, sondern der liebevolle Platz im Vordergrund. Außerdem gibt es Züchter, die ganz bewusst ohne Verband züchten und dabei teilweise mehr Untersuchungen machen lassen als die meisten ihrer Kollegen in den Rassehundeverbänden. Diese Leute werden Ihnen alle Fragen ehrlich und ausführlich beantworten, zeigen Impfpässe und Gesundheitsuntersuchungen vor, nennen Ihnen vielleicht auch Adressen von früheren Käufern, damit Sie diese nach ihren Erfahrungen fragen können.

Nehmen Sie sich sehr viel Zeit, wenn Sie einen Hund besuchen fahren und lassen Sie sich keinesfalls unter Druck setzen, so nach dem Motto: „Es haben noch andere angerufen“, oder „Wir haben noch einen wichtigen Termin“. Überdenken Sie auch hier Ihre Entscheidung in aller Ruhe. Wenn es den Haltern nicht nur darum geht, möglichst schnell an Geld zu kommen, wird man Ihnen die Bedenk- und Beratungszeit gern zugestehen.

Ein Kauf von Privat will gut überlegt sein, Sie haben an den Verkäufer später keine Regressansprüche mehr. Züchter der einzelnen Verbände unterliegen einer Gewährleistung, falls der gekaufte Hund zum Beispiel Parasiten oder vermeidbare Erbkrankheiten haben sollte. Auch nehmen Züchter gekaufte Welpen meist gegen teilweise oder volle Erstattung des Kaufpreises wieder zurück, wenn es aus welchen Gründen auch immer doch nicht passen sollte, Privatleute eher nicht. In jedem Fall sollten Sie einen Kaufvertrag abschließen, damit Sie eine Rechtsgrundlage für den Erwerb Ihres neuen Familienmitglieds haben.

Gedanken zum Schluss

Ich hoffe, ich konnte Ihnen mit diesem Buch einen Einblick in die Welt der Collieartigen geben und Sie eventuell auch für diese Rassen oder deren Mischungen begeistern. Einen Hund als weiteres Familienmitglied aufzunehmen, bedeutet, Verantwortung für dessen Wohlergehen zu übernehmen und in guten wie in schlechten Zeiten für ihn da zu sein. Deshalb will das gut überlegt sein. Falls Sie sich dabei für eine der in diesem Buch aufgeführten Rassen oder Mischungen interessieren, hat es Ihnen hoffentlich Denkanstöße geben können, ganz gleich, ob Sie sich nun für oder gegen einen Collieartigen entscheiden.

Falls Sie schon eine oder mehrere Langnase(n) haben, haben Sie bestimmt bei manchem, worüber ich geschrieben habe, zugestimmt – und hoffentlich auch noch neue Anregungen gefunden.

Ich habe mich beim Schreiben dieses Rassebuches bemüht, die Vorzüge und Nachteile der Hunde ehrlich zu beschreiben, um damit (m)einen Beitrag dazu zu leisten, dass sie nicht unüberlegt angeschafft und dann wieder weitergegeben werden. Viele Aspekte von Genetik, Zucht, Erscheinungsbild und Gesundheit wurden angesprochen und sollen Ihnen helfen, einen objektiven Überblick zu bekommen.

Mir ist dieser rein objektive Blick in den letzten Jahren zumindest teilweise abhanden gekommen – und das ist positiv gemeint; denn obgleich ich alle Hunde mag, habe ich mein Herz vor allem an die Collieartigen verloren. Sie sind faszinierende Hunde, an denen ich – und vielleicht auch Sie – unendlich viel Freude habe. ☺

Dank

Es gibt ein paar Menschen, denen ich danken möchte. Meinem Mann, der oftmals auf meine Gesellschaft verzichten musste, weil ich über dem Manuskript saß.

Bei Margit Koopmann von Collie in Not e.V., von der ich in den letzten zehn Jahren vieles über Collies, Sheltie und Co. gelernt habe und bei meiner Verlegerin Clarissa v. Reinhardt, die den Anstoß zu diesem Buch gegeben hat.

Natürlich gibt es auch Hunde, denen ich danken möchte, nämlich all denen, von denen ich lernen durfte und die mich auf meinem Lebensweg begleiten, vor allem Adele, Fenja, Nike und Penelope.

Quellennachweis

Bücher und Zeitschriften

Ausbildung von Hütehunden, H. Chifflard, H. Sehner, Ulmer Verlag, ISBN 978-3-800142279

Bearded Collie, Eva-Maria Krämer, Kosmos Hundebibliothek, ISBN 978-3-000040610

Collie und Sheltie, Eva-Maria Krämer, Kosmos Hundebibliothek, ISBN 978-3-440094693

Dermatomyositis - Mobil 3/2008, Zeitschrift der Deutschen Rheumaliga

Die Sheltie Fibel, Franz und Karin Riemann, Eigenverlag

Ein Leben mit Collies, Shelties, Katz' und Co., Gerda Bodenberger Kynos Verlag, ISBN 978-3-924008833

Faszination Border Collie, Anne Krüger Kynos Verlag, ISBN 978-3-938071632

Hirten- und Hütehunde, Karl Hermann Finger Ulmer Verlag, ISBN 978-3-800173259

Neonatologie beim Hund, Axel Wehrend Schlütersche Verlagsgesellschaft mbH & CoKG, ISBN 978-3-899930375

Praktikum der Hundeklinik, Begründet von Hans G. Niemand, Herausgegeben von Peter F. Suter, Barbara Kohn, Parey im Blackwell-Wissenschafts-verlag, ISBN 978-3-830441410

Rheumatologie in Praxis und Klinik, Wolfgang Miehle, Kurt Fehr, Manfred Schattenkirchner, Karl Tillmann, ISBN 978-3-137011026

Stress bei Hunden, Martina Nagel und Clarissa v. Reinhardt animal learn Verlag, ISBN 978-3-936188042

Internetseiten

www.wikipedia.org

www.abcdev.de (Interessante Artikel über den Border Collie von Dr. Viola Hebeler)

www.beaconforhealth.org (Bearded Collie Foundation for Health)
www.beaconforhealth.org/YR8_final_report_one_column.pdfwww.beaconforhealth.org/YR8_final_report_one_column.pdf, Jahresbericht 2008

www.bordercolliehealth.com (Krankheiten beim Border Collie)

www.bryningbordercollies.com/Border-Collie-Colours (Farbvererbung beim Border Collie)

http://www.working-beardies.at (Bilder und Videos von hütenden Bearded Collies)

www.colliehealth.org (Collie Health Foundation, Krankheiten beim Collie)

www.shalaine.com/dm/dm.html (Seite über Dermatomyositis beim Sheltie)

www.eyevet.ch (Augenkrankheiten)

www.fun.co.at/lightspeed-bordercollies/herding.htm (Beschreibungen zur Arbeit von Border Collie und Sheltie an Schafen)

www.herdingontheweb.com (Hütehunde bei der Arbeit)

www.kleine-arche.de
(Fellfarben beim Border Collie)

www.norcalshelties.org (seltene Farben und Farbvererbung beim Sheltie)

www.tierklinik-aachen.de, Von Willebrand - Tierärztliche Klinik Dr. Staudacher 52078 Aachen

http://www.aktiv-mit-hund.de (Beschreibung zum Turnierhundesport)

http://www.border-wiki.de

http://sommerfeld-stur.at/defekte/qualzucht
(A. Univ. Prof. Dr. med. vet. Irene Sommerfeld-Stur)